湛庐CHEERS

与最聪明的人共同进化

HERE COMES EVERYBODY

人人都该懂的克隆技术

Cloning A Beginner's Guide

[美]
亚伦·莱文 著
Aaron Levine

祝锦杰 译

浙江人民出版社
ZHEJIANG PEOPLE'S PUBLISHING HOUSE

测一测：你对克隆技术了解多少？

1. 克隆技术的本质是什么？（　　）
   A. 有性生殖　　B. 无性生殖
   C. 孤雌生殖　　D. 体外受精

2. 开展克隆试验需要哪些材料？（　　）
   A. 细胞　　B. 基因
   C. 胚胎　　D. 受精卵

3. 克隆技术当下的应用有哪些？（　　）
   A. 克隆人类　　B. 克隆宠物
   C. 克隆试验用动物　　D. 克隆转基因动物

4. 克隆技术的未来应用前景有哪些？（　　）
   A. 治疗性克隆　　B. 生殖性克隆
   C. 建立人类胚胎干细胞系　　D. 培育医疗实验用人类

5. 克隆人面世后可能面临的问题有哪些？（　　）
   A. 身份认同　　B. 家庭伦理观念
   C. 物化人性　　D. 优生主义

6. 涉及人类胚胎干细胞试验中的合法人类胚胎来源有哪些？（　　）
   A. 实验人员捐献　　B. 有偿征集女性提供者
   C. 生育治疗中的多余胚胎　　D. 手术治疗中的废弃胚胎

扫描二维码，下载“湛庐阅读”App，
搜索“人人都该懂的克隆技术”获取测试题答案！

目录

A BEGINNER'S GUIDE

1 克隆是什么

克隆的本质是什么?

电影中的克隆情节可以变成现实吗?

克隆技术现在还重要吗?

克隆技术和我们的生活有什么关系?

克隆技术诞生于20世纪，注定是我们这个时代的标志性技术。几乎每个人都知道1996年出生的克隆羊多利，但是对多利之后克隆技术取得的进展，却没有几个人说得上来。迄今为止，除了绵羊之外，科学家已经成功克隆了马、猫、狗和牛。与最初的美好愿景相反，这些技术突破反而带来了诸多问题：克隆牛产的奶和肉是否会被消费者抵触？是否应该把克隆技术用于使灭绝物种或濒危物种重生？世界上第一条克隆宠物犬史纳比（Snuppy）于2005年4月出生，这是不是意味着宠物克隆的商业化时代已经到来？克隆技术能否用于制造胚胎干细胞，以便实现某些医疗目的？除去这些，更让人好奇的是：我们离克隆工业制造出第一个克隆人还有多远？

现今的科学家在克隆技术能否应用于人类生殖的问题上，几乎都持旗帜鲜明的反对态度，但是克隆技术在非人类生殖领域内的不断发展和持续实践，却让科学家们的这份决心显得有一点儿心猿意马。就目前而言，克隆技术最好的前景莫过于为医学和健康领域带来巨大助益，如利用胚胎干细胞为需要接受移植治疗的患者定制不被自身排异的组织器官。回望过去，1978 年世界上第一例试管婴儿出生时，媒体竞相报道的盛况还历历在目，多利诞生时媒体趋之若鹜的景象依旧，不难料想，如果未来真的有克隆人出生的那一天，功名利禄肯定是其背后的主要推动力之一。

现代生物学技术应用于人体的实践日益增多，人类社会不得不面对随之而来的一系列问题：育龄夫妇或单身母亲是否应当被赋予利用克隆技术生儿育女的权利？更有甚者，如果父母想要的不只是一个孩子，而是对特定基因进行修饰或者强化过的孩子，克隆技术应当施以援手吗？好在，这已经是后话了。有关克隆技术及其意义的争论，往往因为支持者和反对者固有的偏见而偏离科学的范畴。虽然克隆技术的操作细节不甚烦琐，但是大体上的原理却没有那么难懂。如果能够了解克隆的基本技术和这些技术的作用，你就完全可以在上述的争论中保有自己的一席之地，不会被故弄玄虚的说辞弄得晕头转向。

克隆是一种无性繁殖技术

有关克隆技术最基本的一个事实是：它是一种无性繁殖技术。“无性”在这里指代的并不是两性交合的行为，而是与“有性”相对的一个概念。通常来讲，有性繁殖指的是胚胎的形成需要来自父母双方的遗传物质相遇，继而在条件适宜且允许的情况下，发育成为个体。生活在当今世上的所有人类个体皆是有性生殖的结果：来自父亲的一个精子细胞与来自母亲的一个卵子细胞结合形成胚胎，胚胎中的遗传物质一半来自父亲，一半来自母亲。两性的遗传物质组合为生殖过程引入了随机性，能够确保后代与父母在遗传上具有巨大的差异性。而克隆只需要单一来源的遗传物质，并且与被克隆者在遗传特征上保持完全一致。

克隆不依赖精子和卵子的结合，只需要来源于同一个细胞的遗传物质（或称“DNA”）。提供遗传物质的细胞首先要与成熟的卵细胞融合，后者的所有遗传物质要事先被移除。然后，给予融合细胞适当的环境刺激和条件，它便可以像受精卵一样开始发育。如果发育正常，最后诞生的个体将和提供细胞的母体生物完全相同。显然，由这种生殖方式产出的个体没有带来新的基因组合，只是忠实地复制了已有个体的全部基因。

通常情况下，自然界的哺乳动物不会进行无性生殖，不过能够与克隆进行类比的例子依然存在：同卵双胞胎。粗略算来，人类分娩中大概每 250 次就会出现一对同卵双胞胎，他 / 她们的遗传物质完全相同。克隆婴儿与 DNA 供体的遗传物质完全相同，就这一点而言，不妨把克隆想象成出生时间严重迟滞的同卵双胞胎。精进之后的克隆技术倘若真的应用于克隆人类，其与同卵双生子的差别大概是，后者只需要几分钟，而前者需要很久，才能完成双胞胎的分娩过程。

尽管遗传物质相同，但是鉴于环境与发育密切相关，科学家们推测克隆人类与亲代的相似性可能不及同卵双生的兄弟或者姐妹。在后天成长中，相对于克隆人及其本体而言，同卵双胞胎的经历和生活环境往往更相似。同卵双生子在同一个子宫内完成胚胎发育，出生后通常在相同的家庭中长大。相比之下，克隆人和本体栖身的子宫不同，后天成长的环境也往往不尽相同。克隆后代所处的环境甚至可能与本体的截然不同，以至于我们不确定，莫扎特或者帕瓦罗蒂的克隆后代长大之后是否会和他们一样具有音乐天赋。后天环境对个体发育和生长的影响如此之大，让生物伦理学家不得不将目光投向克隆人类所带来的巨大未知性。

迄今为止，人类还没有被成功克隆过，还没有站得住脚的理由允许人类出于生殖目的而滥用克隆技术。曾经有人建议将克隆技术用于帮助不孕不育的家庭获得有亲缘关系的后代。然而，生殖科学领域内的研究进展提供了许多更有效、争议更少的解决方案，使得这些本就小众的目标家庭不再把克隆当作救命稻草。还有人提议用克隆技术挽救夭折的孩子。他们认为，为人父母者应当有权利得到挽回早夭的孩子的权利，但许多人对这个提议的后果持悲观态度。第一，我们在前文讨论过环境对人的影响，单纯的克隆技术并不能完美复制夭折的孩子；第二，家长很可能会在克隆的孩子身上捕风捉影，对孩子产生不切实际的期望。对于家长和孩子而言，对对方的辜负恐怕在所难免。

先天与后天之争

与人类克隆技术有关的争论一直以来都与另一个旷日持久的议题紧密纠缠，那就是人类的身体素质与文化修养到底是受基因（先天）因素影响大还是环境（后天）因素影响大。双方争论的焦点在于，一方认为人的一切与生俱来，而另一方则认为后天的文化与环境对于人的塑造作用不可替代。

人们为了衡量两种因素的重要性做过数不清的努力，包括对同卵双胞胎和异卵双胞胎进行比较。繁复的过程略过不表，但几乎没有研究证实哪个人类特征是单纯由基因或者环境决定的：绝大多数特征是两者共同作用的结果，如身高、体重、智力以及许多其他方面，这里只不过稍加枚举。这些特征的塑造都少不了一个人的先天资质和后天成长中的磨砺。只不过在这个过程中，两者到底孰轻孰重还是难以比较，有关先天和后天的争论也将遥遥无期。

人类克隆的偏门和争议性让科学家把注意力放在了动物克隆的研究上。无性生殖技术在畜牧业中的优势显而易见，无论是克隆奶牛、猪还是马。有性生殖后代性状的随机性一直都是动物饲养员和牲畜选育者的“眼中钉、肉中刺”。各种奖项傍身的种马和体质优良的母马交配，后代里也难免会有集父母双方缺点于一身的小马驹出现，饲养员可是一点儿都不乐意见到这种随机性：他们想要的是那些可以让后代继续获奖、继续光宗耀祖的优良基因，他们希望冠军的后代还是冠军。而克隆作为能够完全复制珍稀牲畜的手段，显得格外有效。动物克隆的有效性已经让它在赛马中付出了高昂的代价：克隆马被禁止参加任何官方认可的比赛。类似的禁令还没有涉及猪和奶牛，因为饲养它们的目的主要是为消费者提供肉和奶，而与比赛和赌博无关。不出所料，畜牧业的饲养员——尤其在美国，无不对利用克隆技术提高畜牧产品的产量和利润摩拳擦掌、跃跃欲试。

克隆实验与科幻电影相去甚远

克隆和你在大多数电影中看到的并不一样，它做不到镜像复制，顶多也只能算是一台速度极慢、翻印效果极差的影印机。通常当复制品出生的时候，“原件”已经物是人非。比如你今天想起要克隆你的宠物狗，那你可不能指望明天它的复制品就在你的院子里又跑又叫，现实生活中的克隆跟阿诺德·施瓦辛格主演的电影《第六日》(*The Sixth Day*)中的克隆一点儿都不一样。真实的情况是，你首先需要设法制造一个胚胎，然后为这个胚胎寻找一个代孕母亲，将它移植到代孕母亲的子宫里。如果一切顺利，9周之后小狗就能安全降生。这条小狗和你家的宠物狗在遗传上完全相同，只是它要小得多。虽然它看起来和它的单亲爸爸或者单亲妈妈小时候一模一样，但是除了神似的皮囊，它们的成长经历注定相去甚远。

电影往往因为其娱乐性的定位而有意忽略一个事实，那就是克隆是一个非常耗时的过程。这一点在创作需求上来说自然无伤大雅，但是从严肃科学的角度来看却是绝对错误的。例如在电影《丈夫一箩筐》(*Multiplicity*)里，被生活和工作压得喘不过气来的建筑工人就通过克隆自己分担压力，不过编剧大概没有考虑到克隆主人公所带来的严重的时间迟滞。克隆的最初产物是婴儿，而不是像电影里那样一蹴而就获得的成人。和所有初生的婴儿一样，克隆获得的婴儿也需要大人无微不至的照料。每一个为人父母的人都会告诉你，给家里添一口或很多口人可不是分担生活压力的好办法。所以，克隆不仅不能帮你分忧解难，反而会成为沉重的负担之一。

克隆也没有让灭绝动物起死回生的神力。至少在目前的技术水平下，成功的克隆需要数量不小的遗传物质作为原料。克隆活着的动物时，采集和保存遗传物质不算什么难事。以多利为例，它就是利用冷冻的活细胞克隆的。而克隆已经灭绝的动物是另外一回事，遗传物质的缺乏仍是跨不过去的障碍。《侏罗纪公园》(*Jurassic Park*)以及它之后的电影中复活恐龙的设想，在目前看来还只是科幻电影的黄粱一梦。即便如此，科学家已经成功克隆出某些濒危动物，有人相信克隆是将来保护濒危物种的正途。另外，克隆对新近灭绝的物种也并非完全无能为力，足量而可用的遗传物质可能正静静地躺在某具塔斯马尼亚虎（Tasmanian tiger）的尸骸里，等待克隆技术为这个物种带来一线生机。

我们接下去会讲到克隆技术并没有听起来的那么容易。多利出生的时候，“她”是277次尝试中唯一的幸存者。虽然克隆技术略有进步，但成功率依旧非常低。许多克隆胚胎根本就不会继续发育，即使能够发育的胚胎，也常常会出现各种各样的畸形。即便在最好的情况下，也只有一小部分克隆胚胎能够最终发育成健康的个体。眼下，动物克隆的低效性限制了它的商业化进程，克隆动物的高畸形率也引发了动物权益保护人士的愤怒。显然，在科学家能够有效解决这些问题之前，人类生殖克隆技术还远远登不上台面。

克隆离生活并不远：食品、药品及治疗

克隆之所以重要，是因为它即将影响全世界每一个人的日常生活，而且这种影响只会与日俱增。动物克隆技术在接下来的几年中势必会给食品产业带来翻天覆地的变化，不仅如此，通过把动物改造成生化工厂，制药业也将迎来革命。如果我们对克隆前景的乐观估计成为现实，由动物过渡到人类，定制器官用于移植治疗的时代来临，医疗行业将从根本上发生改变。长远来看，克隆（甚至包括基因改造）人类极有可能颠覆现有观念中对“人”的定义。

科学家们已逐渐达成共识：来自克隆动物的肉制品和奶制品对人类而言是安全的。2006 年 12 月，美国食品药品监督管理局公布了允许克隆动物制品流入传统市场的初步方案。该方案一旦最终敲定，势必会在各行业掀起巨大的震动和波澜。科学家已经掌握了数种重要农场动物的克隆技术，但是目前只有极少数量的克隆动物生活在美国国内的农场中，并且都不是出于经济目的而被饲养的。一位行业内的观察人士估计，如果美国政府最终允许克隆动物流入市场，那么从政策落地开始算，哪怕消费者对克隆动物制品的反感根深蒂固，不出 20 个月，美国国内农场里的克隆牲畜就会满而为患。

有鉴于此，英国和绝大多数其他欧洲国家对于克隆动物制品进入市场的管控都持谨慎态度。虽然克隆和基因改造是两回事，但是商品化的克隆几乎不可避免会涉及基因修饰和改造。克隆动物制品的问题很容易与基因工程生物相混淆，有关后者的争论可谓旷日持久，有不少国家现在严格限制从基因工程技术盛行的国家进口农作物。倘若美国当真开人类历史的先河，通过相关政策为克隆动物制品打开绿灯，那么新一轮的贸易战将不可避免。

1996 年，当多利出生的时候，克隆多利的研究经费全部来自一家生物科技公司，这家公司的投资旨在为制药业带来革命。这场革命的基本思路是通过克隆和基因工程技术，在绵羊和奶牛产的乳汁中获取某些药用成分，如胰岛素和生长激素，具体的细节我们将在之后介绍。制药公司只需要从乳汁中分离和提纯出这些珍贵的药物分子，成本仅为传统量产工艺的零头而已。正常情况下，提纯之后的乳汁会被丢弃处理而不会卖给消费者。这种被称为“基因转移”（pharming）的技术已经在多利成功诞生之后为医药公司带来了巨大的经济利益。大量克隆奶牛被繁殖出来，以便从它们的乳汁中提取药物。同时还有科学家在探索从动物的其他体液中提取药物的可能性，甚至包括尿液。基因转移技术也引起了人们的担忧，比如制药动物的肉制品不慎流入食品市场的风险等。虽然这种事故发生的概率不大，但是哪怕是那些不介意牛奶产自克隆奶牛的人，一旦发现所喝的牛奶里满是某种处方药，恐怕也无法泰然处之。

作为药物容器和生产工厂的克隆动物已经成为现实，但是用于治疗目的的克隆人类还是科幻世界里的故事，只是想想就可以预见严重的伦理危机。克隆在将来成为生产与患者遗传基因相容的胚胎干细胞的常用技术，是许多科学家所看好的。胚胎干细胞拥有治愈许多绝症的潜力，如I型糖尿病和帕金森病。胚胎干细胞与本体在遗传上完全相容，不会发生传统器官移植中常见的免疫排异反应。不过这种治疗技术充满了争议，原因在于，如果希望以目前的技术获得胚胎干细胞，就必须通过克隆人类胚胎。胚胎发育到第五天的时候就可以分离出胚胎干细胞，并设法阻断其进一步发育。再生医学领域一度由一组来自韩国的研究者独领风骚，不过在2005年，他们的一系列研究成果受到了学界的广泛质疑：如今，他们的绝大部分研究都已经被证实是学术造假行为。尽管发生了这样的事情，但全世界范围内依旧有很多科学家相信再生医学的美好前景，愿意为“治疗性克隆”奔走疾呼。

从克隆技术现在的发展来看，克隆时代的来临几乎是板上钉钉了。从食品生产到药物制造，克隆要改变我们现有的生活方式的架势可谓来势汹汹。但这些改变也无不充满争议，我们每个人都可以也应当参与到大讨论中，为克隆技术在未来生活中的定位添上绵薄之力。无论你将来是要为了喝下一罐克隆牛奶不禁发出一声“呸”，还是要风风火火赶到你去世的爱犬身边采集遗传物质，以便以后能复活它，都应该趁着现在了解一点儿相关知识。虽然从原理上来说克隆并不复杂，但是有关它的讹传和误解随处可见。了解克隆背后的科学原理，能让有关克隆的探讨更有意义，也能让克隆技术的产物更好地造福每一个人。

章后总结

1. 克隆本质上是一种无性繁殖技术，这里的无性繁殖是与有性繁殖相对而言的。
2. 电影中的克隆情节展示的是一种镜像复制，而现实生活中的克隆顶多算是一台速度极慢、翻印效果极差的影印机。
3. 作为药物容器和生产工厂的克隆动物已成为现实，为众多医药公司带来了巨大的经济利益。克隆动物的食品化也是未来的重要趋势之一。

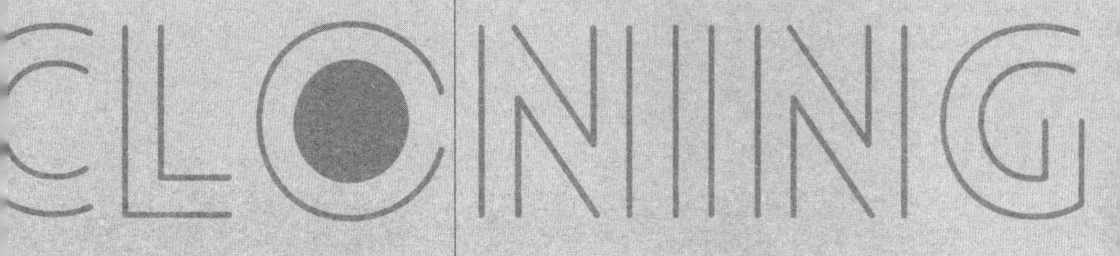

A BEGINNER'S GUIDE

2 克隆实验清单：细胞、基因及胚胎

克隆实验有哪些步骤，需要哪些材料？

细胞里的遗传物质有哪些？

正常胚胎是如何发育的？

从某种程度上来说，克隆技术非常简单。克隆的过程只需要三言两语就可以说个大概：科学家（这里说的是 21 世纪初的科学家）首先需要一个未受精的卵子细胞和一个成熟体细胞，然后将卵子内的遗传物质移除，用成熟体细胞的取而代之。随后，科学家会设法让这个细胞像受精卵一样开始发育。如果一切发展顺利，这个胚胎就会被移植到代孕母亲的子宫里，等待发育成熟并降生。

如此简化的概括不禁令人疑惑：细胞里的遗传物质指的是什么？遗传物质位于何处？所有的成熟体细胞都可以作为克隆材料吗，还是只有某些特定的细胞可以？未受精的卵细胞重编程成熟体细胞的细胞核，让它重新发育又是怎么回事？正常胚胎是怎么发育的？要怎么确定克隆胚胎的发育是正常的呢？

为了回答上述和其他一些问题，这一章将简要地介绍一些与克隆有关的生物学常识，列出一张对理解克隆技术有帮助的材料清单。克隆技术是生物学领域不同分支的集大成者，我们列的这张清单中囊括了许多重要的生物学概念，包括遗传、DNA、细胞和哺乳动物发育学。这些领域的进展为克隆技术的诞生铺就了一条康庄大道。

遗传指的是生物将自身的特征从一代传到下一代的现象。虽然“龙生龙，凤生凤”是人尽皆知的日常现象，但是直到不久前的 20 世纪，科学家才开始了解遗传背后的原理，对孩子为什么能够继承父亲棱角分明的下巴或母亲棕色的卷发也只能说是略知一二，而对爷爷超强的算术能力和奶奶不靠谱的记忆力如何能够遗传给孙子、孙女仍然一知半解。当前科学对于遗传的理解有赖于对遗传物质的确认：1953 年，科学家在确定遗传物质的本质是脱氧核糖核酸（即 DNA）的基础上，明确了它的分子结构，遗传学的研究基础就在于此。正如同卵双生子拥有相同的 DNA 序列，每一项克隆也具有一整组相同的 DNA。考虑到 DNA 的重要性，我们将先对 DNA 做一些介绍，主要探讨它的分子结构以及核苷酸序列编码蛋白质的方式。

虽然阐明 DNA 在遗传中所扮演的角色是克隆技术得以实现的关键环节，但是仅仅知道 DNA 为何物远远不够，重要的是能够明白 DNA 与细胞之间的联系，即遗传物质如何指导细胞制造维持生命所需的基本物质。地球上最小的生物仅由一个细胞构成，而一个人身上的细胞数量有几十万亿，但几乎毫无例外，构成任何生物的每一个细胞内都含有该物种的整套遗传物质。不仅如此，当细胞发生分裂和增殖时，它的 DNA 也会在经历一系列精巧的过程之后完成复制和分离。克隆技术中的许多突破，尤其是 20 世纪 90 年代多利的出生，正是源于对这些复杂过程的研究，所以，本章还将简要介绍细胞的结构及细胞分裂的过程。

细胞分裂使得一个细胞变成两个，两个变四个，四个变八个……以此类推。无论是普通的受精卵还是克隆获得的未受精细胞，都是通过这种细胞增殖的方式，依次发育为胚胎、胎儿并最终成为新生儿的。有关这部分的内容我们将会在哺乳动物的发育中进行简单介绍，我们的关注点是发育过程中的关键事件和与克隆技术密切相关的不同发育阶段。

孟德尔的花园：遗传因子决定生物性状

孩子与自己的父母不仅相貌相似，而且往往行为相仿，这一点数千年来都没有改变，而确切的解释也一直不得而知。为什么有的孩子更像他们的母亲，有的却更像他们的父亲？为什么有的孩子既不像母亲也不像父亲？关于孩子到底像谁的问题从人类出现伊始就困扰着所有人，而与他们的职业是否为科学家不沾边。

亚里士多德通过长期观察提出了一种遗传理论：孩子们经常同时具有母亲和父亲的特征，只是程度各有不同，这暗示父母双方在生育过程中可能都为遗传贡献了某种物质。在今天看来，亚里士多德的理论略显粗糙和表浅，但在当时可以说是石破天惊：18 世纪前的主流观点认为，男人才是繁衍后代的唯一源头，而女人不过是在这个过程中充当孵化器而已。此外，亚里士多德还注意到，一些后天获得的性状——士兵在战斗中失去的手臂，不会遗传给后代。通过上述种种观察和总结，亚里士多德提出了他的遗传理论，他认为从父母到孩子的遗传过程有赖于某种非物质性的信息传递。随着古罗马帝国的倾颓，科学发展急转直下，亚里士多德的学术影响力日渐式微。不过好在，虽然他的学术理论不再为人熟知，也不再受到追捧，但他的著述依然被当作古代先贤的最高成就得以保全和传承。

虽然 17 世纪和 18 世纪涌现出许多与遗传学有关的重要研究成果，不过我们还是要把时间直接跳转到 19 世纪，概述格雷戈尔·孟德尔（Gregor Mendel）和他的研究工作。孟德尔在当时是一名生活在奥地利布隆城（现名布尔诺，位于捷克境内）的修道士，他是第一个用定量的方法研究遗传学的人，也由此彻底改变了这门学科本身。“定量”也可以说是“计数”（counting），正是这个看起来微不足道的新元素，令抽象的遗传学化腐朽为神奇。亚里士多德曾经总结说，父母双方对孩子的遗传都有贡献，这个结论来自他的定性观察，因为他看到孩子们有的更像母亲，有的更像父亲。和亚里士多德不同，孟德尔的研究对象是豌豆而不是人类，他可以逐个计数有多少株豌豆植株开白花，又有多少株开紫花。精确的数字给了孟德尔一把打开遗传密码的钥匙。

孟德尔的实验过程充分体现了他的聪明、勤勉和严谨，他决定以豌豆为实验对象就是他所做的众多明智的选择之一。有许多原因让豌豆成为遗传学研究的理想对象。优势之一是豌豆具有许多肉眼可见而又区分度明显的性状。例如，植株之间有明显的开白花和开紫花之别，豌豆种子的外皮有明显的光滑和皱褶之分，仅就这两点，足以让孟德尔在开展研究的时候找到区分依据。

另外，不同性状的豌豆植株都是纯种的，纯种的意思是指不管经历多少代繁殖，豌豆的性状都保持不变。这就意味着，如果孟德尔种下一片开紫花的豌豆，任由它们生长繁衍，由于豌豆是严格的自花授粉植物[①]，所有这片地上的豌豆后代都会一直开紫花。打破自花授粉循环的方法是对豌豆进行人工授粉。对于自然条件下严格自花授粉的豌豆而言，人工授粉成了孟德尔实验的关键步骤。纯种的紫花植株与纯种的白花植株通过人工授粉完成杂交，孟德尔要做的就是记录杂交后代的性状和数量。

为了便于理解孟德尔的实验及它的关键点，我们把情景简化到探讨一株紫花豌豆和一株白花豌豆杂交的情况。按照当时的主流观点，即“融合遗传理论”，杂交后代开花的颜色应当介于紫色和白色之间。但孟德尔发现，两种花色植株杂交的后代开的花全部都是紫色（见图 2-1）。不仅是花色，孟德尔在许多其他的实验中也得出了同样的结果：比如在种子颜色的实验中发现，黄色豌豆和绿色豌豆杂交获得的后代所结的豌豆颜色都是黄色。

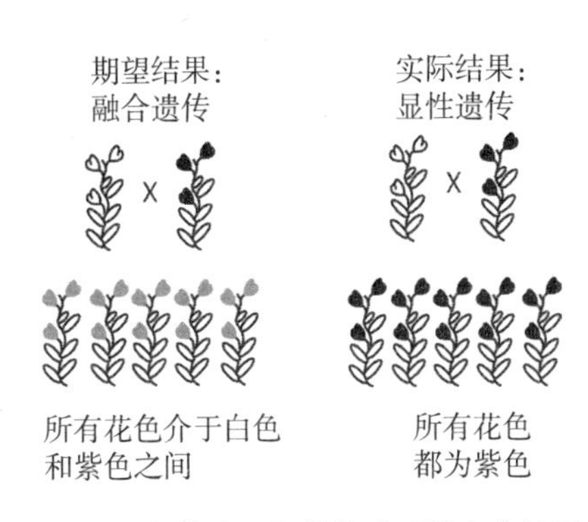

图 2-1　白花豌豆与紫花豌豆的杂交结果

当时的主流观点认为，所有的豌豆后代都应当获得介于双亲之间的遗传性状，但孟德尔观察到杂交后代开的都是紫花，并认为紫色是两种花色中的显性性状。

① 自花授粉：指一朵花的雄蕊为该花的雌蕊授粉完成生殖的方式。——译者注

杂交获得的第一代豌豆与主流观点产生了严重的偏差（孟德尔把杂交后代中一种性状盖过另一种性状的现象形容为“显性”）。虽然这已经是惊人的突破了，但孟德尔没有在完成第一代的实验之后就停手，他让杂交的第一代后代自交后继续观察第二代豌豆的性状。在研究花色的实验里，孟德尔发现，当杂交获得的第一代紫花植株自交后，第二代豌豆大部分开出了紫花，但是有一小部分植株却开出了白花。也就是说，第一代杂交的紫花豌豆其实并不是纯种的。其他的性状，如黄色表皮和绿色表皮，还有圆滑表皮和皱褶表皮，也都表现出同样的遗传特征。第一代杂交豌豆中只有亲本性状中的显性性状，而孟德尔在第二代植株中却再次观察到了亲本双方的性状。只不过相对而言，显性性状比另一种孟德尔称之为“隐性”的性状在数量上要多得多。从这里开始，孟德尔量化研究的真正价值才得以体现。换作别的科学家，即使看到了同样的结果也未必会有什么惊人的发现，而孟德尔通过计数发现了一个规律：他经手的每一个实验，显性性状和隐性性状的数量比例都大致接近 3∶1。

孟德尔进一步推进他的研究，希望弄清第二代植株性状遗传的规律。他发现第二代中的隐性性状（如白色）是能够稳定遗传的纯种性状，而紫色花色则显得没有那么稳定。有些紫花植株是纯种的，而另一些紫花植株的后代里既有开白花的植株，也有开紫花的植株。经过细致的统计和计算，孟德尔确定他在第二代豌豆中观察到的比例 3∶1，其实际的比例应当是 1∶2∶1。换句话说就是，花色杂交的第二代豌豆中，25% 的植株是纯种紫花，50% 的植株是非纯种紫花，还有剩下的 25% 则开的是纯种的白花。

基于这些发现，孟德尔提出了遗传的理论模型，现代遗传学也不过是以他的理论为基础发展而来的。孟德尔认为亲本并非将生理性状直接传递给后代，代际之间传递的实际上是编码性状的非连续性信息。孟德尔把这种信息命名为“遗传因子”（factors），他认为每个生物个体的某个性状由一对遗传因子决定，分别来自父母双方。当两个遗传因子不同时，只有显性的那个会被表现出来，而隐性性状会被掩盖。孟德尔认为遗传因子的显隐性与来自父亲还是母亲没有关系，因为同一个遗传因子在父亲和母亲体内完全相同，功能也一样。遗传因子不会被“污染”，即使某个隐性遗传因子在生物体内连续几代都没有表现出来，它也不会发生改变。只要时机合适，它依旧会在之后的某一代生物体中表现出来。孟德尔还从他完成的另一项更复杂的实验里得出了进一步的结论：控制不同性状的遗传因子是相互独立的。也就是说，控制豌豆花色的遗传因子在遗传时，与控制种子形状和植株高度的遗传因子不会相互影响。

孟德尔的研究和结论都算得上遗传学的开天辟地之作，然而如此重要的研究成果却发表在了一本名不见经传的杂志上，在长达 35 年的时间内蒙尘。1900 年，孟德尔的工作被重新发掘，迅速传遍了整个遗传学界。孟德尔对细胞内部的运作没有概念，对他自己提出的遗传因子究竟为何物也一无所知，能在这种情况下提出遗传理论实在是难能可贵。

今天，科学家把控制性状遗传的这些遗传因子称为基因。我们已经知道基因是一段控制特定蛋白质合成的 DNA 片段。我们还知道，基因存在于染色体上，而染色体位于卵子和精子细胞内，在生殖过程中由它们将父母的遗传信息传递给下一代，而当年修道院里的孟德尔对这一切都丝毫未有过耳闻。

孟德尔的模型对理解遗传十分有用，不过也有某些人类的性状受到多对基因的协同控制，这类性状的遗传方式比单对基因控制的性状更复杂一些。举例来说，人类的身高和智力并不是由一对，而是由成百上千对基因控制的。尽管如此，简单的孟德尔遗传模型在对许多情形的解释中依旧游刃有余，例如囊性纤维化（cystic fibrosis），这种由隐性基因导致的遗传病在高加索人的新生儿中发病率大概为 1/3 000~1/2 000。美国人口中囊性纤维化基因的携带人数大约在 800 万，根据孟德尔的遗传理论，当夫妻双方同为携带者时，他们所生的孩子有 1/4 的概率罹患囊性纤维化。亨廷顿舞蹈病（Huntington's disease）是另一种符合孟德尔遗传理论的遗传病，但是与囊性纤维化不同，控制亨廷顿舞蹈病的是一个显性基因，因此，无论父母双方谁带有致病基因，只要传给后代就会让后代患上亨廷顿舞蹈病（就像孟德尔花园里的紫花豌豆那样）。亨廷顿舞蹈病患者的后代中大概有一半的人携带致病基因并最终发病，这与孟德尔的理论相符。

孟德尔的遗传理论，尤其是对于在代际之间携带遗传信息的遗传因子的假设，激发了人们搜寻这种因子的热情，而这份热情与克隆技术的最终诞生密切相关。沿着克隆技术发展的脚步，下一步我们将跳跃到 DNA，这种孟德尔坚称存在的遗传物质，直至他本人去世都没有掀开自己神秘的面纱。

寻觅遗传因子：染色体是遗传信息的载体

与孟德尔同期出现的显微镜技术，让科学家得以窥见细胞的内部结构。我们在本书的后续内容中将深入介绍细胞的内部结构，但是在这里，我们不得不提到科学家们从 19 世纪末开始观察的其中一个细胞——染色体：位于细胞中央的长条螺旋结构。没用多少时间，科学家们就意识到，这种结构与孟德尔提到的遗传因子存在诸多共同点。

第一个意识到两者之间的联系的人，是 1902 年在哥伦比亚大学就读的研究生沃尔特·萨顿（Walter Sutton）。他在研究蝗虫细胞的时候发现，蝗虫全身细胞中的染色体都是成对存在的，只有卵细胞和精细胞例外。沃尔特还注意到，在减数分裂（卵子和精子形成的分裂过程）的过程中，成对的染色体会先配对排列，然后被分配到不同的子细胞里。这种配对和分离的行为与孟德尔的理论不谋而合。想象一下，如果每一条染色体携带成对遗传因子中的一个，染色体的分离就可以解释为什么非纯种的紫花豌豆可以同时繁衍出开紫花和开白花的后代了。

另一位维尔茨堡大学的教授西奥多·博韦里（Theodor Boveri），也通过自己的独立研究提出了相同的观点，他们的理论被学界称为博韦里 – 萨顿染色体遗传学说。这个学说在当时充满争议，它回答的问题和它带来的问题一样多，有关遗传因子的争论完全没有因为这个新理论的提出而有丝毫消停的迹象。但是随着时间的推移，接受这个理论的人越来越多，尤其在科学家发现生物的性别也由染色体决定之后。某些性状与生物的性别严格相关，这些性状只能从双亲的其中一方遗传获得，染色体学说开始深入人心（见图 2-2）。

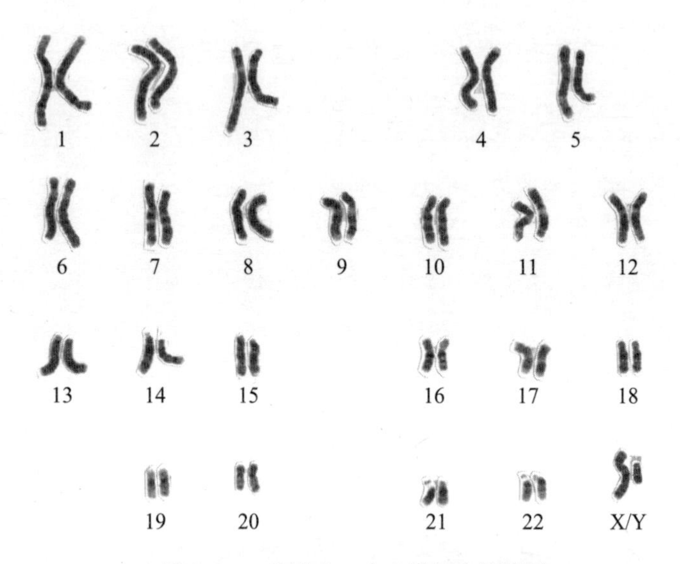

图 2-2　一组来自一个人类细胞的核型

图中的 1 号到 22 号染色体都是成对存在的，另外还有 X 染色体和 Y 染色体（由 Talking Glossary of Genetics 公司供图）。

确认染色体是遗传信息的载体在遗传学发展过程中可谓举足轻重。不过，虽然染色体学说为遗传信息在代际之间的传递提供了合理的解释，但是它对解释遗传信息究竟为何物，以及这些信息如何在细胞内发挥作用却毫无启迪。染色体学说甚至对遗传物质的确切成分都模棱两可，也因此引发了学界的巨大分歧：由于染色体的主要成分是蛋白质和 DNA，科学家对到底谁是遗传信息载体的争论经年累月，难以平息。

20 世纪上半叶，数个思路精巧的实验逐渐平息了争论，科学界对于遗传物质候选人的猜测倾向了 DNA，但是仍然有一个关键问题没有解决：作为一种结构看起来非常简单的物质，DNA 是如何编码纷繁复杂的遗传信息的？科学家当时已经知道 DNA 由四种不同的小分子构成：腺嘌呤（adenine, A）、胞嘧啶（cytosine, C）、鸟嘌呤（guanine, G）和胸腺嘧啶（thymine, T）。只是没有人知道这四种“碱基”如何保存遗传所需的信息。问题的答案隐藏在 DNA 的分子结构里。DNA 分子结构的阐明成了整个生物学发展的转折点。它精巧的分子结构一经论证，有关遗传密码的疑问迅速迎刃而解，解释 DNA 复制过程的模型和学说也在不久后被普遍接受。

遗传信息如何传递：DNA 双螺旋与碱基配对

1953 年，DNA 的结构之谜尘埃落定。弗朗西斯·克里克（Francis Crick）等人提出了 DNA 的双螺旋结构模型——两条核苷酸碱基单链螺旋缠绕，而遗传信息则是由碱基对排列的序列编码的。双螺旋中的每条单链包含的遗传信息都一样，只是单链的走向相反，碱基对以互补的方式配对，将两条单链聚合在一起。在克里克等人提出的结构模型中，碱基配对只发生在 A 与 T 以及 C 与 G 之间，配对的碱基之间以微弱的相互作用（氢键[①]）连接（见图 2-3）。碱基的排布方式早就已经出现在双螺旋模型被提出之前的实验数据中，只是当时科学家们并不知道生物体内的 DNA 碱基对为何要这样排列。

顾名思义，遗传物质需要将遗传信息精确地从一代传到下一代。双螺旋模型吸引人眼球的其中一个原因是，它的结构自带了一种显而易见的复制方式。这当然没有逃过克里克等人的眼睛，他们在 1953 年发表

① 分子或原子之间以氢原子为媒介形成的作用力。——译者注

了阐述 DNA 结构的简短论文，在论文的末尾他们低调地提到："我们注意到，我们提出的特殊配对模式明显指向一种可能性非常大的遗传物质复制方式。"这种方式就是，连接两条单链的氢键断裂后，两条单链分别作为模板，再根据碱基互补配对的原则，合成新的 DNA 分子（见图 2-4）。

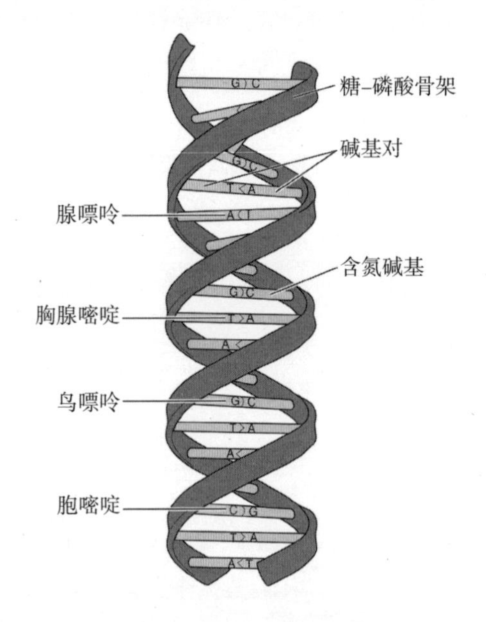

图 2-3 DNA 双螺旋结构

四种碱基安插在磷酸糖分子构成的骨架内。图中可见碱基之间的互补配对：腺嘌呤只与胸腺嘧啶配对，胞嘧啶只与鸟嘌呤配对（由 Talking Glossary of Genetics 公司供图）。

与孟德尔的际遇不同，克里克等人有关 DNA 结构的论文被发表在了当时的知名科学杂志上，并立刻被科学界奉为石破天惊的成就。后续的实验马上跟进，很快证实了该模型中的主要观点，甚至论文中被一带而过的复制模式也得到了验证。还有一些实验把重心放在破译遗传密码上，也就是解释 DNA 内的碱基序列如何编码遗传信息。毫不夸张地说，是克里克等人通过自己的发现，一手造就了分子生物学这个分支学科，并促成了后来估值百万亿美元的整个生物技术产业。

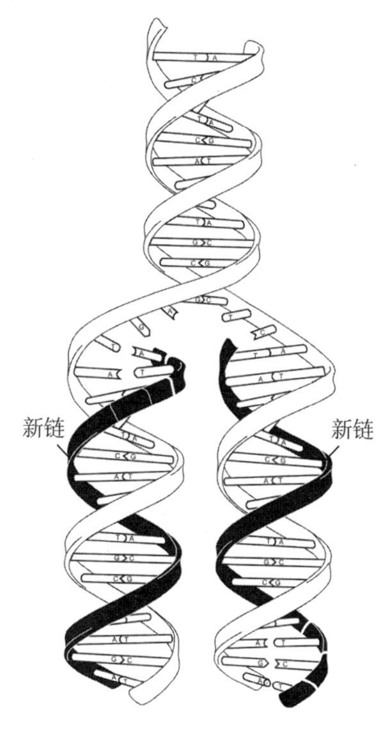

图 2-4　DNA 复制模型

精确的 DNA 复制需要双链分子解旋之后暴露出碱基对，以作为合成新 DNA 分子的模板（由术语基因公司供图）。

我们会看到，驱动克隆技术发展的一个重要问题，是人们想知道遗传物质在发育过程中是如何发生改变的。克里克等人对 DNA 功能的确认于此而言非常重要。如今我们已经知道，通常情况下生物体内的DNA不会发生改变，而克隆技术反倒成了定向改造DNA的有效手段。

破译遗传密码：基因编码蛋白质

DNA的结构无疑是个巨大的发现，不过研究克隆的科学家更关心的是DNA如何在细胞内运作，因为对于遗传物质而言，它们存在的全部意义仅仅是记录和传递遗传信息。确切地说，在细胞内起作用的并不是DNA。比如，DNA只是储存了蓝色虹膜的遗传信息，把眼睛变成蓝色的物质并不是它。细胞内的第一功臣是蛋白质。以眼睛虹膜的颜色为例，虹膜细胞内的基因（已知的至少有三种）控制这种色素的合成，而虹膜里聚集的黑色素数量决定了眼睛看起来是棕色、蓝色还是其他颜色。

这么解释眼球颜色的来源可能令人费解，我们来细看一下科学家对DNA和蛋白质关系的阐述。你肯定还记得DNA是染色体的主要成分之一，虽然不同的物种拥有的染色体对数不尽相同，但是同一物种具有的染色体数目绝对相同。人类有23对染色体，包括22对男性和女性体内都存在的常染色体和1对性染色体。遗传性状的数量要远远多于染色体的数量，所以每条染色体上理应有多个基因。构成染色体核心的每个DNA分子内含有的基因数量在几百到几千不等，其中大部分的本质是互不相同的DNA片段。每个基因的长度只有1 000个碱基左右，但在某些极罕见的情况下，基因的容量也可以包括数百万个碱基。回到眼睛颜色的例子，科学家已经确认了三个与眼睛颜色相关的基因，其中两个位于15号染色体上，另外还有一个位于19号染色体上。除此之外，很可能还有别的相关基因有待发现。

基因编码的蛋白质是一种执行细胞内各种功能的复杂大分子，科学家对这个事实已经了然于心。在有关眼睛颜色的例子里，基因编码的产物是酶。酶可以催化化学反应，让它们更快地进行。蛋白质都是由 20 种氨基酸构成的，每种氨基酸都由 3 个核苷酸分子编码：这种核苷酸与氨基酸之间的对应关系被称为“遗传密码”。由于细胞内每种蛋白质的数量往往达到成百上千个，所以一条 DNA 上的微小改变就可能引起细胞内的剧变，并最终影响人体的健康。对囊性纤维化而言，丢失 3 个碱基对就足以让一个健康的人患上这种病。而对于镰刀形红细胞贫血症患者而言，仅仅是因为他们体内的一个碱基对发生了改变（见图 2-5）。

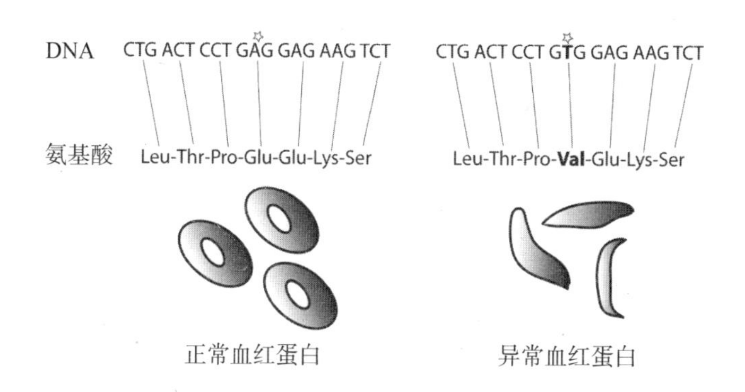

图 2-5　遗传密码与镰刀形红细胞贫血症

DNA 分子中一个碱基对的改变（从 A 到 T）导致了氨基酸序列的改变，最终使得红细胞功能发生异常。变形，或者说镰刀形的红细胞难以通过较细的血管，局部血液不畅会引起疼痛、感染，甚至是器官损伤。

“人类基因组计划”最初启动的动机之一，正是为了理解诸如囊性纤维化和镰刀形红细胞贫血症这类遗传疾病的病因。这项于 2003 年宣告完成的宏大工程，完成了对人类 DNA 全部 30 亿个碱基对的测序。“人类基因组计划”一共识别和确认了大约 25 000 个人类基因，其中大部分基因的功能至今不明。基因组的全序列测序完成后，科学家马不停蹄地开始翻译这些序列，期待能够借此确定所有蛋白质在细胞内的功能和作用。科学家想要通过破译工作搞清楚蛋白质与蛋白质、蛋白质与其他分子之间的相互作用关系，以便为每个基因在人体健康中所起的作用寻求答案。

曾经科学家们不知道的是，一个生物体内每个细胞含有的 DNA 完全相同。基因组研究发现的事实是，特定细胞内合成的蛋白质与细胞种类以及细胞发育的时间点密切相关。这意味着不同的细胞内表达的基因各不相同。例如，在神经细胞中表达的蛋白质种类与在肝细胞中表达的差别非常大，特定的蛋白质表达模式决定着细胞的特定行为。许多科学家把特定细胞内基因开启的模式——有时也被称为“基因表达谱”，作为细胞分类的主要依据。也就是说，如果改变一个细胞内的基因表达模式也许就可以改变细胞的类型，那么就可以推动胚胎干细胞研究。

基因表达的调控是相关研究的热门话题。在许多情况下，基因的表达受到一种称为“转录因子”（transcription factors）的蛋白质的调控。这类蛋白质分子与 DNA 特定的片段结合（这些片段被称为启动子或增强子）后，会易化或者阻断基因的表达。染色体结构修饰也是一种重要的基因表达调控方式。例如，有一种叫甲基的小原子团能够附着于

DNA 分子上，在特定的位置上阻断转录因子与 DNA 的结合，从而改变基因表达的情况。我们会在后续介绍克隆动物的健康问题时继续探讨，克隆动物的许多健康缺陷背后，错误的基因表达调控肯定逃不了干系。

真核细胞：克隆实验的基础材料

为了更好地理解克隆技术，单知道 DNA 的结构以及它编码蛋白质的方式是不够的，我们还需要知道细胞内部的结构和蛋白质在细胞内的运作方式。我们的介绍主要针对真核细胞，也就是除了细菌和蓝绿藻之外的人类和绝大多数其他生物的细胞。真核细胞的体积非常小，肉眼几乎不可见。普通真核细胞，如人类的上皮细胞的平均直径大约只有 20 微米，也就是说 10 000 个这样的细胞大概刚好有一根针的针尖儿那么大。有的真核细胞是圆形的，例如血细胞；有的真核细胞是长条状的，例如神经元。尽管形状不同、形态各异，不同的真核细胞仍然拥有许多的共同点（见图 2-6）。

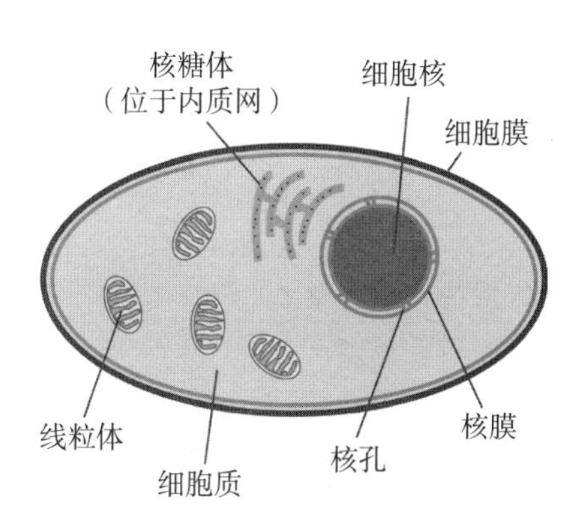

图 2-6　真核细胞结构图

人类和其他高等生物的细胞属于真核细胞，DNA 位于细胞核内。

所有真核细胞都由一层半透膜包裹，以将细胞的内部与外部环境分隔开来。这层阻隔膜又被称为细胞膜，主要作用是允许养料和许多其他物质通过并进入细胞内，同时也能够阻止另外一些分子穿行。复杂的蛋白质复合体在细胞膜上设立关卡，严格控制大分子物质的出入。

真核细胞都有细胞核。细胞核通常位于细胞的正中间，是 DNA 的所在地。细胞核由两层类似细胞膜的生物膜包裹，这两层生物膜被称为核膜。核膜上布满了凹陷，这些凹陷是控制物质进出细胞核的哨卡，被称为核孔。进入细胞核的物质通常是转录因子，以及其他一些与基因表达相关的蛋白质。相较而言，从细胞核运出的物质要单一得多，绝大多数是信使 RNA。在细胞核中合成的信使 RNA 在细胞核外经过加工，就成了合成蛋白质的模板。

真核细胞都有核糖体。核糖体是蛋白质合成的位置，蛋白质的装配工厂不在遗传信息所在的细胞核内，而是在细胞质中。细胞质指的是包裹细胞核的细胞内容物。有的核糖体自由地悬浮在细胞质里，有的则附着在内质网上。蛋白质一旦装配完成便离开核糖体，它们有可能会在细胞质中执行功能、通过细胞膜上的通道被分泌到细胞外，或者被转运进入细胞核，调控基因的表达和蛋白质的合成。

真核细胞都有线粒体。线粒体是一种香肠状的结构，在细胞质中随处可见。线粒体负责为细胞提供正常运转所需的能量，又被称为细胞的“发电厂”。对于生命来说，线粒体作为能量供给中心显得尤其重要，不过研究克隆的科学家对线粒体兴趣昂然却另有原因：线粒体中含有 DNA。

线粒体 DNA 为我们理解细胞结构和遗传物质本身增加了一些阻碍。科学家本以为真核细胞的细胞核应当是所有遗传物质的归属之处，然而事实上只是一部分，另有一些 DNA 存在于遍布细胞质的线粒体中。线粒体 DNA 颇为不寻常：它编码的蛋白质完全只满足了线粒体的需要。线粒体蛋白质不影响细胞核基因的表达，也不与细胞内的其他成分发生关系，所以，通常当科学家提到细胞内的 DNA 时，他们指的是细胞核内的 DNA；当需要特指线粒体内的 DNA 时，他们通常会说“mtDNA”。

区分这两种 DNA 对于克隆来说非常有必要。我们会在后面说到，克隆获得的动物保留了亲本的核 DNA，却没有保留原本的线粒体 DNA。由于线粒体 DNA 被认为对生物整体的发育和行为影响不大（当然，对线粒体自身的功能来说就是另外一回事了），所以克隆动物与亲本动物线粒体 DNA 的区别通常会被忽略。绝大多数情况下，这样做都不会有问题，不过凡事无绝对，核 DNA 与线粒体 DNA 的区别在某些时候并没有我们以为的那么小，尤其在涉及跨种族的克隆实验时。

我们以中国科学家在 2003 年发表的一项研究为例，一组来自上海第二医学院，由盛慧珍领导的科学家团队将人类细胞的细胞核移植到了去核的兔卵细胞中。参与这个项目的研究人员希望通过这种细胞融合的方式获得胚胎干细胞。如果当真如他们所愿，所获得的胚胎干细胞将同时包含人类的核 DNA 与兔的线粒体 DNA。某些批评者认为，以这种方式获得的胚胎干细胞模糊了物种之间的界限，是半人半兔的混合物种，这项研究也因此受到了来自伦理学方面的猛烈批评。针对这个研究项目的声讨不得不让人重新审视细胞内的这两种 DNA，研究人员在拿捏两者之间的差异时应当更为谨慎。

细胞如何生长：细胞分裂与细胞周期

构成一个人身体的全部细胞，时刻处于剧烈的变迁之中。老的细胞死去，新的细胞取而代之，这样的情景每时每刻都在上演。细胞更新的速率取决于细胞的种类。有的细胞寿命非常长，如神经元可以存活数年之久，某些神经元甚至可以伴随一个人一生。相较而言，其他种类的细胞寿命要短得多：负责在体内运送氧气和二氧化碳的红细胞平均寿命为 120 天，而生长于肠道表面的上皮细胞寿命仅为 3~5 天。新细胞的产生通常依靠细胞分裂，由一个母细胞分裂成两个子细胞。这听起来很简单，实则没有那么容易，细胞分裂属于细胞周期中的一个环节。虽然不同细胞完成细胞周期的速度不同，但是所有活细胞都可以被划入细胞周期五个阶段中的某一个（见图 2-7）。

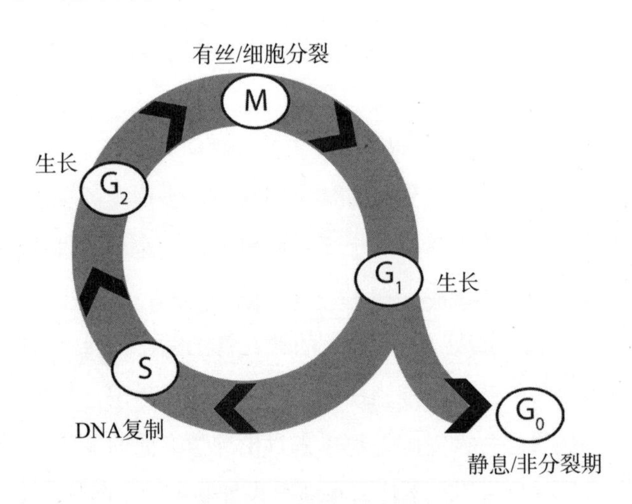

图 2-7　细胞周期

细胞周期可以分为两个主要时期：有丝分裂期（mitosis）和分裂间期（interphase）。细胞实际的分裂行为都发生在有丝分裂期。虽然有丝分裂期持续的时间不长，通常大约为一小时，但是整个过程极其复杂。细胞周期中剩余的时间被称为分裂间期。分裂不活跃的细胞可能一直维持间期的状态数日至数年，直到它收到启动分裂的信号。

科学家又把分裂间期细分成了三个不同的时期，其中的两个时期——G_1 期和 G_2 期基本上是细胞生长时期，这两个时期中间还有一个 S 期，细胞在 S 期内主要是为细胞分裂准备所需的核 DNA 复制。细胞周期的长短主要由细胞在 G_1 期停留的时间长短决定：有些细胞的分裂活动终止于 G_1 期，随即进入名为 G_0 期的静息状态。有丝分裂期，或者也叫 M 期，是细胞周期的终末期。

正常情况下，M 期开始的标志是包裹遗传物质的核膜发生崩解。染色体在分裂期固缩，浓缩为在显微镜下可见的独立结构。在分裂期以外的细胞周期里，染色体分散分布于细胞核内，因而很难被观察到。之后，染色体整齐排列在细胞中轴附近，附着于纺锤体上。最终，每条染色体将一分为二，分别向细胞的两端移动。处于细胞两端的染色体分别被新形成的核膜包裹，细胞质也完成分裂。一个母细胞分裂的结果是得到两个遗传物质完全相同的子细胞（见图 2-8）。

多数真核细胞分裂的过程都与此相同，但这并不是细胞分裂的唯一方式。精细胞和卵细胞（生殖细胞）的分裂方式就与此相异，因为它们含有的染色体数量是正常细胞的一半。生殖细胞的分裂过程被称为减数分裂（meiosis）。减数分裂中，伴随一次 DNA 复制过程的是两次连续的细胞分裂。因此，减数分裂的结果是一个母细胞分裂为四个子细胞，每个子细胞内只有一半的染色体，且都不成对。

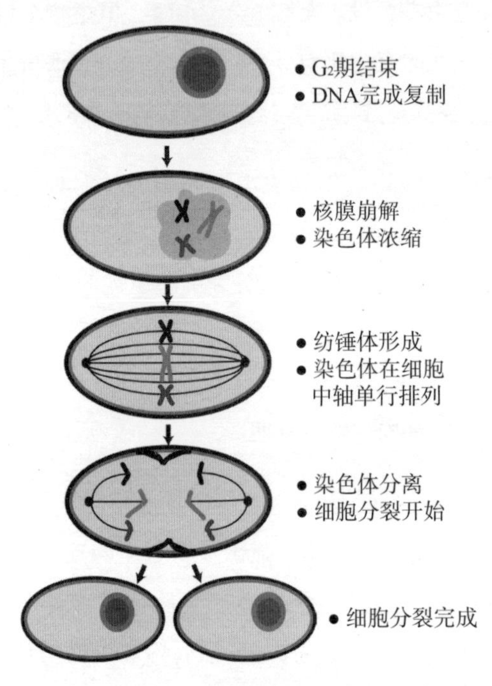

图 2-8　细胞的有丝分裂

细胞通过有丝分裂（对应细胞周期的 M 期）由一个母细胞变成两个相同的子细胞。染色体在细胞内排列成行，然后每条染色体一分为二，分别移向细胞两端，以此保证子细胞内的遗传物质完全相同。

哺乳动物的发育：从胚胎受精到分娩

发育生物学研究的是生物体如何生长和发育，它想要解答的疑问是一个细胞如何在短短数月之内蜕变成复杂得多的细胞生物体。尽管依旧迷雾重重，不过如今发育生物学已然能够对哺乳动物以及其他一些生物的发育过程做出大概的解释。在这个过程中，克隆技术对于发育生物学的进步功不可没。至少在起步之初，克隆技术曾是发育生物学家用以寻找答案的有力工具。时至今日，克隆早就已经不再局限于发育生物学的范畴内，科学家把这项技术推向了更新且更具争议性的前沿领域。无论这项技术将要走向何方，它的核心依旧是一种操纵生物发育的技术。因此，我们有必要在这里介绍一些与哺乳动物发育有关的内容，如哺乳动物的胚胎发育（见图 2-9），这对于理解克隆技术以及克隆在未来将如何给社会带来巨大冲击都会有所裨益。

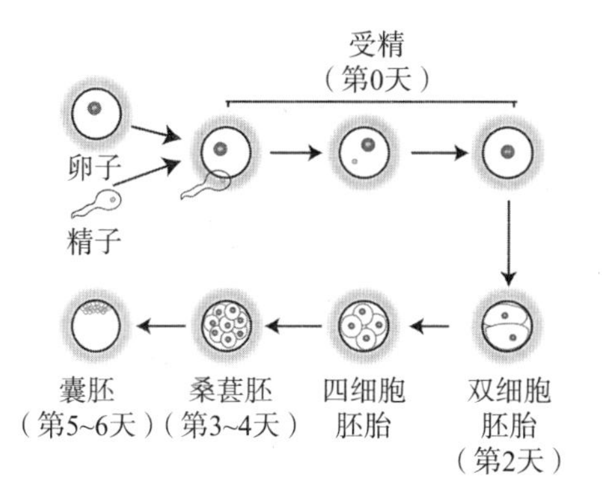

图 2-9　从受精到囊胚的人类胚胎发育示意图

对于人类和其他哺乳动物来说，个体发育的起点是卵子与精子相遇后受精的时刻。受精不是一个简单的过程，也绝非一蹴而就。人类卵子受精的过程可以分为三步：穿透、卵子激活和精卵融合。穿透是指一个精子循着包围在卵子四周的细胞，到达并穿过透明带（zona pellucida）的过程，透明带位于卵细胞外周，是一层厚实的保护层。通常情况下，精子的穿透发生在靠近卵巢一端的输卵管内。卵子在受精后一面开始发育，一面继续沿着输卵管向子宫移动。

精子成功穿透后会引发一系列后续反应，这些后续反应总称为“卵子激活”。变化率先发生在卵细胞的细胞膜上。一旦有精子完成穿透，卵细胞膜就会瞬间发生改变以阻止其他精子进入。这可以防止一个卵细胞同时与多个精子结合，以致受精异常。对于哺乳动物来说，精子穿透也让卵细胞的减数分裂得以继续和完成。在精子穿透之前，每个卵细胞内含有两份染色体的拷贝，而在精子穿透之后，卵细胞紧接着完成第二次减数分裂，只保留一半的遗传物质。减数分裂的完成让成熟卵子内只留下一半拷贝的染色体，这对于精卵的遗传物质融合来说尤为关键。

哺乳动物受精过程的最后一步是精卵细胞的核融合，通常发生在精子穿透的 12 小时之后。在此期间，精子和卵子内的遗传物质一直保持分离的状态，停留在各自的原核[①]内。两个原核逐渐向对方靠近，此时受精过程接近尾声，卵细胞也已经开始为第一次细胞分裂做准备。此外，卵子细胞核内的 23 条染色体以及精子细胞核内的 23 条染色体还在相互靠近的过程中分别发生复制，当双方相遇时，每个原核内实际上有两份染色体的拷贝。之后原核融合，完整成对的一整组染色体整齐排列并附着于同一个纺锤体上，有丝分裂随机发生，产生两个子细胞，每个子细胞内都包含该种生物全部的遗传物质。受精完成后，融合的新细胞就被称为合子（zygote）。

① 原核（pronucleus）：精卵结合后，未降解状态下的细胞核。——译者注

受精卵形成之后，哺乳动物发育的下一步被称为卵裂（cleavage）。合子以极快的速度进行分裂，产生大量新细胞。卵裂进行的过程几乎不伴随细胞生长，所以随着卵裂的进行，合子会逐渐分裂成体积越来越小的众多细胞。我们在上面已经提过，合子的第一次分裂大约发生在精子完成穿透的12小时之后，分裂的结果是得到两个完全相同的细胞。第二次分裂也是对称进行，结果是得到4个完全相同的细胞。如果此时将这4个细胞对半分开，我们就可以得到一对同卵双胞胎。只不过通常情况下，4个细胞会聚在一起并继续进行分裂，变成8个细胞，然后是16个细胞，依此循环往复。

在十六细胞时期，胚胎会经历一个紧密化（compaction）的过程，胚胎中的细胞连接会由此变得更加紧密。至此，发育中的细胞团就可以被称为桑葚胚。最早的细胞特化（cell specialization）就出现在这个阶段。十六细胞时期的细胞特化与细胞在胚胎内所处的相对位置有关。位于桑葚胚外缘的细胞向外进行不对称分裂，继续发育并形成胎盘等胚胎外组织，这些细胞有一个专门的名字，叫滋养外胚层（trophectoderm）。桑葚胚内部的细胞构成内细胞团（inner cell mass），内细胞团是构成新个体所有细胞的基础。

人类胚胎发育到第五天或第六天时，就已经能够区分内细胞团和滋养外胚层了，此时的胚胎又被称为囊胚。囊胚形成的时候，即便没有到达子宫，也往往离它的目的地不远了。囊胚大约含有200多个细胞，其中只有一小部分细胞属于内细胞团。到达子宫之后，胚胎就会冲破透明带，这层保护膜在它沿输卵管前进的一路上都包裹在外。现在流行的假说认为，胚胎沿着输卵管到达子宫之后会脱离透明带，在发育的第八天或第九天植入子宫壁。虽然这个假说听起来合情合理，但想要验证却没有那么简单：虽然如今要进行胚胎发育的在体研究（即在人体内进行研究）不是不可能，但是人类胚胎在子宫内植入失败和自然流产的概率高达 50%。研究人员相信，胚胎着床这种表面上的低成功率实则是为了提高胚胎质量，借由淘汰不健康的胚胎着床防止它们继续发育。

胚胎完成着床之后，胎盘发育成为主要任务。胎盘是连接胚胎和母体的结构，负责在妊娠期间为胎儿输送营养物质。胎盘形成对于胚胎的健康发育至关重要，它同样也是克隆技术的关键点之一，许多动物克隆的失败都源于胎盘发育异常。

胚胎发育的下一个关键阶段是"原肠胚形成"（gastrulation）。这个阶段发生在胚胎发育的第十四天到第十六天，主要是内细胞团中的细胞发生自我折叠，形成数层细胞层。在人类和其他哺乳动物中，层叠的细胞最终会形成三层原胚层：外胚层（ectoderm）、内胚层（endoderm）和中胚层（mesoderm）。原胚层中的细胞具有不同的发育命运，这也是内细胞团中的细胞第一次进行大规模的分化。原肠胚时期的细胞分化对于生物体来说非常重要，过去半个世纪里最著名的发育生物学家刘易斯·沃尔珀特（Lewis Wolpert）对此曾经有一句被广为传颂的评价："你一生中最重要的时刻不是降生，不是成婚，不是去世，而是你的原肠胚时期。"

原肠胚时期还有一个关键事件，就是"原条"（primitive streak）的形成。原条是原肠胚发育过程中第一个指示分化开始的视觉化依据，它经常在发育学的胚胎研究中作为界定伦理学规范的依据。胚胎发育第十四天左右出现的原条是神经系统发育的原型，并被作为界定胚胎有无神经知觉的分水岭。

原肠胚不久就会发育为神经胚（neurulation），此时大概是胚胎发育的第三周，继而在第四周，各个器官开始发育和形成。在第四周要结束的时候，心脏已经形成并且开始搏动，手和脚的肢芽也已经出现。在第一个月结束的时候，人类胚胎的体积几乎扩大了 50 倍，长度约为 5 毫米。

在第二个月的发育过程中，经过一个名为“形态发生”（morphogenesis）的过程，胚胎开始变得更具人形。手臂、腿以及更小的附肢，如手指和脚趾已经能够用肉眼分辨。第二个月结束的时候，胚胎的长度增长至 2.5 厘米，而重量约为 1 克。

胚胎在第三个月的发育活动主要集中在大部分的器官系统。在第二个月结束的时候发生的另一个变化，是从此往后胚胎可以被称为胎儿。第三个月的主要发育事件包括感官器官的形成，以及神经系统初具雏形。到这里为止，大多数器官系统都已经出现，这些器官系统在分娩前的剩余时间里要做的不过是单纯的生长而已。

胚胎发育的剩余六个月与克隆的关系没有那么紧密，因此我们就不在这里赘述。之后的时间里胎儿发生的主要变化就是生长。第六个月结束的时候，通常胎儿的体重将达到 600 克，身高超过 30 厘米。妊娠的最后三个月中，为了让胎儿能够在子宫外的世界里存活，胎儿的生长变得更加猛烈。此时，随着新的神经元和神经元之间的联络不断生成，神经系统加速发育。

孤雌生殖

虽然大多数的高等生物进行的是有性生殖，但它并不是唯一的生殖方式。有些生物也能够进行无性生殖，或者也称“孤雌生殖”(parthenogenesis)。这个词的意思显而易见，与俗话里的“处女生殖”(virgin birth)类似，意指雌性在不需要雄性参与的情况下完成生育。

孤雌生殖现象在无脊椎动物中普遍存在，例如水蚤和蚜虫，此外还包括一些脊椎动物，如某些种类的蜥蜴和蝾螈。孤雌生殖还可以通过人工手段触发，如海胆的未受精卵能够在海水的氯化镁溶液里完成孵化。

哺乳动物中还未见有孤雌生殖的案例报道(除了那些通过基因工程而获得孤雌生殖能力的改造动物)，而人工激活未受精的卵细胞倒不是不可能。卵细胞在激活后便开始分裂，它的行为就像完成受精一般，只不过这种发育总是在不久之后便会停止。

虽然孤雌生殖不常见，但是同样作为一种无性生殖，我们在讨论克隆的时候最好能把孤雌生殖也记在脑海里。每个科学家在克隆动物的时候都需要谨慎，必须确认新的个体是克隆，而不是孤雌生殖的产物。

这些生物学的基础知识跟克隆有关系吗？有关系。克隆的基本过程是将一个细胞细胞核内的遗传物质转移到除去细胞核的未受精卵细胞中，然后设法激活融合细胞，并提供合适的条件令其发育为新个体。

成功的克隆实践涉及过去一个世纪中遗传学和细胞生物学领域的最新进展，通过克隆复制生物还绕不开胚胎发育这条必经之路。之后你将看到，我们在这里花费篇幅介绍的克隆材料清单对理解这种技术本身，以及它将如何剧烈地影响我们的社会生活而言十分必要。

章后总结

1. 简单说来，克隆的主要过程就是找到一个未受精的卵细胞和一个成熟的体细胞，然后移除卵子内的遗传物质，放入体细胞内的遗传物质，接着在适合的促发育条件下，让合成的细胞像受精卵一样发育，直至成为成熟的个体。

2. 细胞中的主要遗传物质是 DNA，其独特的双链结构及四碱基互补配对模式使得遗传信息能够精确地从一代传到下一代。

3. 胚胎发育的起点是受精。人类卵子受精的过程分为三步：穿透、卵子激活和精卵融合。受精卵形成之后，胚胎发育的下一步被称为卵裂，一分为二、二分为四、四分为八……以此类推。在十六细胞时期，胚胎会经历一个紧密化的过程，形成所谓的桑葚胚，细胞从这里开始特化，然后形成囊胚，经历着床、胎盘发育及“原肠胚形成”、神经胚、形态发生等阶段，最终成长为胎儿直至出生。

延伸阅读

我们在这里介绍的每个知识点，在多数生物学的教科书中都需要占用整整一章的篇幅。如果你想要了解更详细的信息，任何现有版本的教科书都可以提供帮助。

如果想要进一步了解本章中介绍的几位关键科学家的生平旧事，可以参考以下书目：罗宾·马兰士·赫尼格（Robin Marantz Henig）在 21 世纪初出版的作品《花园里的修道士》（*The Monk in the Garden*）中讲述了孟德尔的生平，以及他的研究成果的价值被重新发现的故事。

发现 DNA 结构的故事也有很多版本。读者可以参阅布伦达·马多克斯（Brenda Maddox）出版的《罗莎琳德·富兰克林：DNA 的苦情夫人》（*Rosalind Franklin: The Dark Lady of DNA*）。富兰克林是沃森和克里克的同事，她拍摄的 X 光晶体学成像照片对 DNA 结构的最终问世具有不可替代的关键作用，但是她本人连同她的工作都常常被世人所忽略。

有关“人类基因组计划”的内容，我推荐马特·里德利（Matt Ridley）的作品，《基因组：人种自传 23 章》（*Genome: The Autobiography of a Species in 23 Chapters*），这是一本绝佳的科普书。里德利在每一章中都介绍了一条人类染色体，全书共计 23 章。对于那些希望更详细了解人类基因如何运作的读者而言，里德利的书可以说是不可多得。

A BEGINNER'S GUIDE

3 从克隆蛙到克隆羊：克隆技术发展简史

克隆技术是在何时出现的，经历了哪些发展阶段？
细胞内的遗传物质会随着细胞分裂的进程逐渐减少吗？
在克隆羊多利出现之前，科学家进行了哪些探索？
核移植技术具体包括哪些步骤？

1997 年，多利成为世界上第一例成功克隆的哺乳动物。多利的顺利降生在克隆技术的发展史上画出了一道清晰的分界线。在此之前，克隆不过是一项操作复杂、应用有限的技术。体细胞克隆偶尔能在低等动物，如蛙类身上奏效；如果采用哺乳动物的胚胎细胞，没准也能够成功，但是绝大多数科学家认为，想用体细胞克隆哺乳动物是不可能的。这里借用普林斯顿大学分子生物学与公共事务学系教授李·希尔弗（Lee Silver）的一句话："多利之后，一切皆有可能。"

本章将主要介绍克隆技术的发展沿革，克隆技术一路走来，有过惊人的突破，也曾经误入歧途，直到 1997 年 2 月的一天，突然一夜之间，发育生物学家们发现一切都不再是问题了。哺乳动物体细胞克隆技术的成功意义深远，这表明人类掌握了复制成年哺乳动物的能力。克隆动物的数量更容易定量控制，还可以按照我们的需求和特征偏好定向选择。相比之下，用胚胎细胞进行克隆就没有那么让人振奋了。顾名思义，这种克隆方式需要首先获得动物的胚胎，而有性生殖获得的胚胎，其遗传特性是随机而不确定的。

就像其他科学技术的发展一样，克隆多利的故事不能简单地从一个实验讲到下一个实验。事实是，多利出生的过程除了寥寥可数的几个闪耀时刻和意外突破外，大部分时候都充斥着令人沮丧的挫败。克隆科学的每一点进展都会引发大量社会关注，引起有关生物医学研究伦理的争论，同时也需要时刻提防别有用心之人的诋毁，这些人可能是纯粹的社会人士，但也不乏学术圈子里的监守自盗之人。我们要讲的故事不仅有关多利的身世，还包括克隆研究目前最新的进展。

种质论：分裂次数越多，遗传物质越少？

当今科学家们所说的克隆，指的是一种特定技术。这种技术的名称也可以叫"体细胞核移植"（somatic cell nuclear transfer），意为把遗传物质转入事先移除细胞核的卵细胞中。核移植技术最早由汉斯·斯佩曼（Hans Spemann）在 1938 年提出，斯佩曼是历史上第一位被授予诺贝尔奖的胚胎学家，他的实验被认为"第一眼看上去，让人觉得有那么几分不可思议"。不过我们的故事并不打算从他的学术观点开始，而是从早斯佩曼 50 多年的奥古斯特·魏斯曼（August Weismann）切入，他的理论启迪了斯佩曼以及许多后来者。

魏斯曼是弗莱堡大学的一名动物学家，他一直致力于寻找细胞分化不可逆的解释。魏斯曼知道，受精卵可以分裂和分化成生物体内的每一个细胞，但是他从来没有观察到一个完成分化的细胞变成另一种不同类型的细胞。魏斯曼认为，在分化过程中，细胞内遗传物质的量在逐渐减少。由此，分化后的细胞内只含有决定其细胞类型的遗传物质。举例来说，分化成熟的脑细胞内只含有与脑细胞功能有关的基因，而没有与血细胞或肝细胞有关的遗传物质，生物体内其他种类的细胞分化也是一样的道理。魏斯曼的这个学说又被称为“种质论”（germ-plasm theory of heredity）。按照这个理论，细胞的每次分裂都会导致子细胞内的遗传物质减少，因此，当受精卵分裂成两个细胞后，每个子细胞中的遗传物质都只够它们发育成半个个体。

魏斯曼的理论激起了许多人的实验热情，历史上又一幅科学探索的经典画卷徐徐展开。魏斯曼的假说简明扼要，试图验证或者驳斥它的实验也如火如荼地提上了日程。科学研究的要义正是在此：有价值的科学理论不仅要能够解释观察到的现象，还要能够做出可以被证实的预测，并且在逻辑上可以被证伪。（证伪，即存在可能的实验或者现象与理论中的观点相悖。）这是科学理论独有的三个核心特征。真正的科学理论，如牛顿的万有引力定律、爱因斯坦的相对论以及达尔文的进化论，与诸如占星术、智慧设计论那样的伪科学，其区别和界线就在于此。当然，错误的科学假说未必就没有价值。我们会讲到魏斯曼的假说本身是错误的，但在尝试验证这个理论的过程中，许多科学家受益良多，胚胎学研究也得到了长足的进步。

第一个试图直接检验魏斯曼理论的实验是由德国胚胎学家威廉·鲁克斯（Wihelm Roux）完成的。鲁克斯是一名研究青蛙的科学家（蛙类由于卵细胞巨大，历来受到胚胎学家的青睐），他决定在受精卵完成第一次分裂后破坏掉两个细胞中的一个。如果魏斯曼的假说是对的，那么剩下的那个细胞将只能发育出半只青蛙。而如果魏斯曼的假说不正确，那么没有受到伤害的胚胎细胞内仍旧含有整套遗传物质，因此可以发育成一只完整的青蛙。1887 年春天，鲁克斯从实验室附近的小池塘里搜集了一些青蛙卵。他把这些卵带回实验室，耐心地等待它们完成第一次分裂，随即用一根烧红的针头破坏两个胚胎细胞中的一个。实验的结果正如魏斯曼的假说预测的那样，剩下的胚胎细胞虽然没有停止发育，但是没有一个胚胎最终发育成一只完整的青蛙。被穿刺过的胚胎最后都停止了发育，只留下一个个残缺的、看起来像半只青蛙的肢骸。

鲁克斯实验的成功显而易见，许多科学家都争相模仿，这个实验在之后很长一段时间里都被奉为权威。多年之后，汉斯·阿道夫·爱德华·杜里舒（Hans Adolf Eduard Driesch）①尝试用海胆代替青蛙重复鲁克斯的实验。相比青蛙卵，海胆的卵更小更坚硬，为此杜里舒采用了一种不同的处理方式。杜里舒没有尝试用烧红的针头刺破细胞，而是把海胆的胚胎细胞放在海水中并猛烈地摇晃，以此让细胞彼此分离。

实验结果让杜里舒自己都大吃一惊，他的实验结果与魏斯曼的假说以及鲁克斯的实验大相径庭。分离的胚胎细胞发育没有终止于残缺的海胆胚胎，而是变成了完整、健康的海胆，只是个头上略小一些。杜里舒换用四细胞时期的胚胎再次进行实验，结果分离的细胞还是没有变成 1/4 个海胆，而是都发育成了完整的小海胆。这些现象无疑与早年鲁克斯的实验结果有出入，杜里舒苦思冥想，希望找到合理的解释。杜里舒认为，关键的差别在于鲁克斯用了烧红的针头，可能在无意中损伤了想要保留的细胞，致使它不能正常发育。不过，杜里舒无论如何都无法用震荡摇晃青蛙卵的方式分离胚胎细胞，也就无从验证自己的假说。

① 德国生机主义哲学家。——译者注

1902年，斯佩曼在自己的实验中成功分离了蝾螈两细胞时期的胚胎，解决了这个问题。斯佩曼没有采用震荡的方式，而是选择分割它们。斯佩曼为了完成切割卵细胞的精细操作，用新生儿的头发制作了一个套索，套住胚胎细胞之后慢慢用力收紧，直到把两个细胞彻底割裂开。斯佩曼发现，切割后得到的两个细胞都可以发育成完整的个体。他的实验与杜里舒用海胆完成的结果一致，而与魏斯曼的假说相矛盾。

虽然魏斯曼的假说早就站不住脚了，但鲁克斯的实验结论直到1910年才被推翻。康奈尔大学的杰西·弗朗西斯·麦克雷登（Jesse Francis McClendon）成功分割了两细胞时期的青蛙胚胎，最终每个独立的细胞都发育为一只完整无缺的青蛙，鲁克斯的实验之谜终得破解。以现在的眼光来看，鲁克斯的谬误显而易见。生物学家罗伯特·麦金内尔（Robert McKinnell）在20世纪70年代末期出版了一本有关克隆发展史的书。麦金内尔在书中提出，鲁克斯的实验设计非常巧妙，只是他没有能够对实验结果做出正确的释义。被保留的胚胎细胞之所以会畸形发育，不是因为细胞内的遗传物质减少了，而是受到了与它密切接触的死亡细胞的影响。鲁克斯用热针刺死的那个细胞成了一只拦路虎，抑制了存活细胞的全能性，阻碍了胚胎的发育。

斯佩曼继续深入研究并发现，早期胚胎来源的很多细胞都可以发育成完整的生物体。利用发明的毛发套索，斯佩曼的极限是能够分割十六细胞时期的胚胎。他的研究表明，细胞内的遗传物质没有在分裂的过程中丢失，每个早期胚胎细胞内都包含指导生物体发育的完整信息。斯佩曼一直希望能够研究发育更后期的细胞，于是在1938年，他提出了核移植的设想。

核移植设想：早期胚胎才能发育为完整个体

斯佩曼虽然提出了核移植的设想，但就连他自己也想不出如何实现这种技术，好在科研技术发展的速度委实惊人。斯佩曼提出核移植设想 14 年后，也就是 DNA 分子结构被阐明前的 1952 年，费城的研究人员成功用核移植技术克隆了青蛙。罗伯特·布里格斯（Robert Briggs）和托马斯·金（Thomas King）当时任职于美国肿瘤研究所，也就是今天的福克斯蔡司癌症中心（Fox Chase Cancer Center）。虽然他们没有听说过斯佩曼提出的设想，不过殊途同归，他们发明了一种与斯佩曼想法一致的技术。

布里格斯和托马斯·金选择用北方豹蛙作为实验对象，这种蛙在北美大陆的池塘里随处可见。布里格斯和托马斯·金设计实验的初衷与他们 20 世纪初的前辈们如出一辙，他们只是希望通过核移植研究细胞分化。不同的是，他们的研究课题是通过核移植测试不同种类细胞的分化程度，或者说细胞核的分化是否可逆。作为预实验，布里格斯和托马斯·金从蛙卵的囊胚阶段开始实施实验（见图 3-1）。蛙卵的囊胚阶段大致相当于哺乳动物的囊胚期。这个时期的蛙类细胞几乎还没有开始分化，所以布里格斯和托马斯·金认为，这些细胞能够像早期未分化的胚胎一样发育成完整的个体。

愿望虽然美好，但他们在现实里面临着重重阻碍，最紧迫的是经费问题。政府的经费机构，如美国国家卫生研究院或英国医学研究理事会，往往倾向于资助那些容易成功的研究。在这些机构眼中，克隆蛙的研究项目似乎过于新颖和天方夜谭。布里格斯的第一次经费申请毫无意外地被驳回了，审查项目的人认为他们的实验“欠缺考量，不可能成功”。尽管开局不顺利，但他们后来总算是拿到了经费，实验得以开展。

接下来的一道坎是技术攻关，当时没有人清楚核移植在技术上是否可行。即使可行，核移植的过程也很可能会损伤细胞内的精细结构，导致克隆的胚胎停止发育。核移植的第一步是从未受精的卵细胞内剔除细胞核。为此，科学家们首先将一根洁净的玻璃针头刺进卵细胞内。玻璃针刺进卵细胞内的效果相当于精子的穿透，同样会使卵子激活。卵子激活后，蛙卵中的染色体就开始向细胞表面移动，这让托马斯·金（他完成了实验过程中大部分的显微操作）有机会用真空的针管吸取细胞核，然后将其移除。（用这种方式除去细胞核的卵细胞被称为“无核细胞”。）接下来，包裹细胞的胶状物质被去除。完成这些操作之后，卵细胞就可以接受核移植了。

从供体细胞内分离细胞核是一个更大的挑战。蛙类囊胚细胞的体积很小，当时没有现成的技术可以在不损伤细胞核的情况下将其从细胞内提取出来。于是，布里格斯和托马斯·金发明了一种特制的微量吸液管（非常像实验室里科学家用来移取微量液体的滴管）。他们的吸液管内径介于普通蛙卵细胞核与囊胚细胞的直径之间。用于吸取细胞核时，整个细胞会以极慢的速度被吸入微量吸液管内。由于吸液管的内径比细胞直径要小，细胞进入管内会因为受到挤压而变形。最终，细胞膜由于剧烈的形变而破裂，而直径相对较小的细胞核则得以在管尖内被完整保留。通过这种方式获得的细胞核就可以被注入之前去核的卵细胞内。

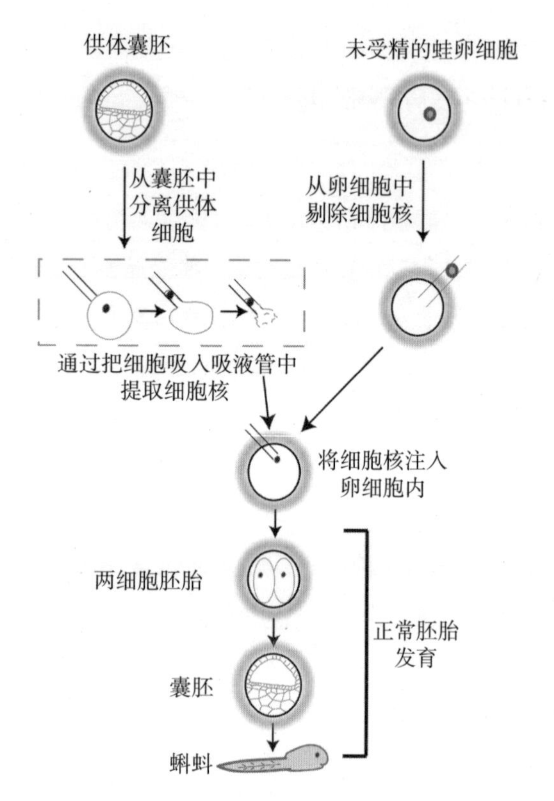

图 3-1　布里格斯与托马斯 · 金克隆蛙时采用的技术

虚线框表示囊胚细胞细胞核吸取的过程。

尽管熟练运用这套技术非常困难，不过布里格斯和托马斯 · 金最终获得了成功。他们具有里程碑意义的论文于 1952 年发表，文中详细阐述了实施克隆的过程。他们成功完成了 197 例囊胚阶段细胞向无核卵细胞内的细胞核移植。多数接受移植的混合卵细胞都启动了分裂和发育，大约 32% 的卵细胞发育到了囊胚阶段，也就是最初供体细胞所处的阶段。这些胚胎中的绝大多数都能继续发育，最后许多都发育为健康而正常的蝌蚪。这些蝌蚪的出生标志着斯佩曼的设想得以成为现实，克隆技术由此成为生物学研究领域的又一件利器。

布里格斯、托马斯·金，以及许多其他科学家在克隆蛙成功之后马上趁热打铁，纷纷开展众多研究项目。科学家证实，其他两栖类动物同样可以利用胚胎细胞实现克隆，此外，他们还尝试了在克隆时利用发育更后期的胚胎细胞。托马斯·金回忆那段时光时，仍记得人们被第一批克隆蛙的成功冲昏了头的情形，但盲目的乐观不久就遭遇了挫败，随着克隆过程中所用细胞的发育程度增高，克隆的效率显示出迅速降低的趋势。这种效率的下降在不同的两栖类动物中都出现了。比如对于北方豹蛙和非洲爪蟾而言，利用一天大的胚胎细胞进行克隆拥有相对较高的成功率，而用两天或者两天以上的胚胎细胞进行克隆则不然。魏斯曼的理论似乎又有了市场。看起来，细胞发育的潜力在随着它们发育的成熟而发生改变。早期的胚胎细胞拥有更大的潜力，能够发育为一个完整的个体，而分化成熟的细胞则潜力有限，它们已经不能再发育为整个个体了。

对这个观点最有力的驳斥来自约翰·格登（John Gurdon）。他在牛津大学完成了一项实验，实验对象是非洲爪蟾。格登曾经在两篇论文中提及成功利用布里格斯和托马斯·金的核移植技术完成对非洲爪蟾的克隆。然而更有趣的是他随后发表的一篇论文，格登成功利用蝌蚪上皮细胞作为细胞核的供体，克隆出了非洲爪蟾。作为非洲爪蟾的幼体阶段，蝌蚪比囊胚阶段的胚胎要成熟得多，据此推断，蝌蚪的肠上皮细胞应当已经基本分化成熟。虽然利用肠上皮细胞的克隆成功率非常低，不过这至少说明成熟细胞也能够用于克隆。1962 年，格登发表了一篇影响深远的论文，他证明肠上皮细胞来源的克隆蛙能够发育为性成熟的个体，并且能够生育。

为了让分化程度更高的细胞能够成功克隆，格登改良了核移植技术，他的技术被称为“连续核移植”（serial transfer）。格登首先将肠上皮细胞的细胞核移植到无核卵细胞内，当构建的混合细胞开始正常发育后，他再将混合胚胎的细胞作为细胞核供体，再次移植到新的无核卵细胞内。基于第二次核移植，高度分化来源的细胞核得以更顺利地发育，而具体的机理至今尚未完全阐明。

格登的实验结果重复起来非常困难，因此有关它的准确性也众说纷纭。非洲爪蟾在发育过程中，原始的精卵细胞会迁移至肠黏膜内，有的科学家据此认为，格登在实验中错把混入肠黏膜的原始精卵细胞当成了肠上皮细胞进行核移植。格登实验极低的成功率，不得不让人怀疑成功克隆的个体会不会是来自肠黏膜细胞内极少量的原始精卵细胞，而不是数量占绝对优势、分化程度也更高的肠上皮细胞。如果事实真是这样，那么格登克隆技术的关键依旧是选择分化程度较低的细胞核。

玛丽·迪·贝拉迪诺（Marie Di Berardino）曾是布里格斯实验室成功克隆第一只豹蛙时的一员，她写道：“格登的实验结果真假难辨，因为没有可靠明确的标志物以标识实验中选用细胞的分化程度。”后来的实验中，许多科学家证实，分化细胞来源的细胞核只能完成部分发育，通常无法发育为完整个体。特殊情况下，当采用皮肤或者血细胞的细胞核时，偶尔能够获得克隆蝌蚪，但是这些蝌蚪无一例外都会在发育为成蛙之前夭折。

这些实验带来的更多是疑惑，而不是豁然开朗。科学家们只能说，总体而言，早期胚胎来源的细胞核拥有顺利发育为完整、健康成蛙的能力；分化细胞的细胞核能够用于克隆蝌蚪，但关于它们是否能够克隆出健康的成蛙则未有定数，尚未见直接由成体细胞核移植而成功克隆出具备生育能力的成蛙的案例。

克隆人现世？一本小说引发的风潮

布里格斯和托马斯·金为克隆技术开了一个好头，但哺乳动物的克隆却不是简单地依样画葫芦就能实现的。最直接的问题是，哺乳动物的卵细胞比一般两栖动物的卵细胞要小得多。蛙卵的直径通常在一到两毫米之间，而老鼠卵细胞的直径往往不到 100 微米。蛙卵的核移植操作已然不容易，需要特制的操作器具才能完成，同样的技术要运用到体积比蛙卵小 1 000 倍的细胞上，其难度可想而知。

尽管如此，克隆技术并没有止步不前。1968 年，八细胞时期的兔胚胎细胞分离成功，证实早年斯佩曼在两栖类动物中应用的克隆技术同样适用于哺乳动物。牛津大学的德里克·布鲁豪尔（Derek Bromhall）把兔的胚胎细胞核转入了去核的兔卵细胞内，他声称在实验中观察到重构细胞发育到了囊胚阶段。布鲁豪尔没有把这些囊胚转移到代孕雌兔的子宫里，因此也不清楚它们能否继续正常发育。核移植技术在哺乳动物中的进展坎坷而缓慢，像布鲁豪尔这样的突破凤毛麟角。

克隆技术进展缓慢几乎成了大家默认的事实，所以当一个重大突破发生时，整个领域内的科学家都哗然了。更惊人的是，这个突破没有发表在主流的、由同行评审的科学期刊上，而是以畅销书（并且看起来不像是小说）的形式出版了。这本书的名字叫《自我的镜像：人的克隆》（*In His Image: The Cloning of a Man*），作者是广受赞誉的科学记者戴维·罗威克（David Rorvik）。他的这本书在 1978 年由著名的出版商利平科特（J. B. Lippincott）出版发行。

在这本书里，罗威克记述了一段令人难以置信的经历。有一天，一位略显古怪、名叫麦克斯（化名）的百万富翁联系了他，称有一事相求，需要他的协助。书中的记述十分详尽，言之凿凿。作者接到的任务是为这名富翁制造一个他的副本，以便后继有人。罗威克为富翁招募了一名科学家，代号达尔文。两人为了完成任务而齐心协作。达尔文和另一名科学家在麦克斯一处位于太平洋某偏远小岛上的医院里兢兢业业工作，没过多久，他们就接连攻克了许多让同行抓耳挠腮的技术难题。罗威克在书里详细记录了达尔文如何从麦克斯身上的成熟体细胞内提取细胞核，又如何瞒天过海地从前来麦克斯医院就诊的妇女身上获得卵细胞，并偷偷完成细胞核移植的过程。达尔文和他的搭档浸淫在生育研究里多年，两人亦师亦友，最后在体外成功培养出了克隆胚胎。随后，他们将胚胎转移到了一名代孕母亲的体内，代孕者是一名年轻的女孩，名叫斯派罗。按照罗威克的说法，克隆麦克斯出生在美国本土一家不知名的小医院里，时间是 1976 年 12 月。

以克隆麦克斯在书中出生的时间为准，第一个通过体外受精技术辅助生育获得的孩子还没有出生，也从来没有人见识过核移植之后真正称得上健康并正常的胚胎发育，哪怕所用的细胞核来自胚胎细胞——分化程度非常低也不行。即便是克隆两栖动物，在长达近 30 年的研究之后，也还没有一例通过成熟体细胞核移植进行克隆的案例可以称得上是完美而毫无争议的。总而言之，从科学界的角度来看，罗威克的故事简直就是一派胡言。

多数科学家对罗威克的故事表示高度怀疑，并且指出了书中难以计数的科学性错误，并宣称这是他个人的杜撰。而罗威克承认自己书中的故事让人感到震惊和不可思议，但他坚称自己所写的都是事实。大众被夹在两者之间，不知道应当取信于谁。乍一眼看去，罗威克的书似乎是一本彻头彻尾的科幻小说，但是书里包含了一份将近 13 页的参考文献目录，其中许多都是报道当时最新进展的同行评审文献，这些论文里有对突破性技术的详细阐述。罗威克的书引领了一阵风潮，收获了一众忠实读者，登上了美国和英国两大非虚构类畅销书榜。在美国国内，1978 年的 5 月和 6 月，这本书在《纽约时报》非虚构类畅销榜单上待了 6 周之久，最高排名曾一度上升到第 10 名。

这场风潮的结局是，这本书的势头被它引用名录中的一位作者葬送了，这个人就是德里克 · 布鲁豪尔，我们在前文简要提过的一名牛津大学生物学家。他对罗威克和利平科特提出诉讼，状告他们毁谤自己的名誉。布鲁豪尔提出，罗威克擅自在书中引用他的研究，让公众误以为自己的研究旨在实现人类克隆。法官最终裁决罗威克的书是虚构的，并判决利平科特和布鲁豪尔庭外和解。判决的关键性证据是一封罗威克寄给布鲁豪尔的信，罗威克在信中详细询问了布鲁豪尔研究的具体细节，但是这次通讯的日期大约是克隆麦克斯出生 5 个月之后。后来，利平科特公司公开道歉，并承认刚意识到书中的内容是虚构的。有小道消息称，出版商因为此事向布鲁豪尔支付了将近 10 万美元的赔偿。

虽然这场调解为罗威克故事的虚构性敲下了实锤，但这已经是该书出版 4 年后了。那时，这本书的影响力已经深入人心，仅精装版的销量就达到了 95 000 本。罗威克靠这本书赚到了大约 40 万美元，而出版社的收入更是超过了 70 万美元。一方面，罗威克和出版商赚得盆满钵满；但另一方面，公众对克隆的认知也被引上了歧途。许多人认为就算世界上还没有克隆人，我们离那一天的到来也已经不远了。

科学家们极力想要修正公众的这种认知，他们宣称即便从技术上来说，克隆人也不是完全不可能的，但实现的可能性也渺茫到可以忽略不计。有的科学家甚至出席国会听证会，指责罗威克的书不过是一本科幻小说，但是公众显然对这些充耳不闻。对于当时科学技术在基因工程和分子生物学研究领域内欣欣向荣的发展前景，公众的态度喜忧参半。面对势头迅猛的基因技术，一些人对科学家们昔日拍着胸脯做出的保证提出了质疑。

成功克隆小鼠？学术造假引发的克隆危机

科学家们宣称，一般来说，克隆哺乳动物的时代还远远不会到来，而人类克隆更是遥遥无期，但是这种说法很快就受到了挑战。幸而，这次不是让科学家们措手不及的畅销书，而是一篇发表在著名同行评审期刊上的研究论文。1981 年 1 月，布鲁豪尔控告罗威克的诉讼当时正在法庭上如火如荼地进行着，瑞士日内瓦大学的明星发育生物学家卡尔·伊尔门塞（Karl Illmensee），与来自缅因州巴尔港杰克逊实验室

（Jackson Laboratory）的彼得·霍普（Peter Hoppe），合作发表了他们惊世骇俗的克隆鼠研究。他们的论文刊登在《细胞》（*Cell*）杂志上，这是生物学界享有盛誉的科学期刊之一，所以尽管当时的科学家们无比惊异，但是没有人真的质疑此项研究的真实性。

《细胞》或者其他类似的科学期刊在决定出版一篇论文之前，杂志的编辑会把它转发给相关领域内的数位专家进行评审。这些专家在审阅完论文后会给出反馈意见，给出推荐或者不推荐发表的建议，如果建议发表，还会附上对论文的修改和改进意见。著名的科学期刊往往只接受投稿中的一小部分（通常这个比例低于10%）进行整理和发表，能够最终发表的论文通常被认为是该领域中最关键、最严谨的研究工作。

这篇论文在科学界引起了轩然大波。伊尔门塞和霍普声称他们用小鼠（哺乳动物发育学研究中最常见的模式动物）成功重复了布里格斯和托马斯·金当初克隆蛙的实验。在发表的论文中，伊尔门塞和霍普记录了实验中将小鼠囊胚细胞的细胞核转入去核受精卵内的过程。他们选用了两种不同来源的细胞核供体：将来会发育成体内各种脏器的内细胞团和发育为胎盘的滋养外胚层。滋养外胚层来源的细胞核无一例外地导致胚胎畸形发育，而一部分内细胞团来源的细胞核则产生了正常发育的胚胎。根据伊尔门塞和霍普的论文，他们尝试向363个卵细胞内注射外源性细胞核，显微注射操作成功142个，其中96个重构细胞成功完成第一次分裂，之后有一半的胚胎发育到桑葚胚和囊胚阶段。16个没有明显异常的胚胎被转入代孕母鼠的子宫内，最终有3只克隆小鼠成功降生。3只克隆小鼠中的两只经过与非克隆小鼠以及相互之间的交配，显示它们能够生育。

虽然难以置信，但科学家们还是为这一巨大的突破而欢欣鼓舞。伊尔门塞素来被誉为一名出色的技术员，在外人看来，这项研究成功的关键正是他无人能及的操作技术。简而言之，由于这位明星科学家的参与和大众间的口口相传，他们的论文信服者甚众。但是好景不长，论文很快受到了质疑，伊尔门塞和霍普的学术作风遭到诟病，学术生涯面临危机，两人几乎名誉扫地。

可重复性是科研技术的生命。虽然不是每一项实验都可以被同行科学家重复，但是许多具有历史影响力的重要实验结果都不例外。可重复性是验证已有实验真实性的充分条件，也是后续研究得以跟进的必要条件。伊尔门塞和霍普克隆小鼠的实验没能经得起同行的验证。众多科学家希望重复伊尔门塞的实验，但是均以失败告终。雪上加霜的是，伊尔门塞拒绝向外界公布核移植技术的操作细节，甚至对同实验室里的其他研究员也守口如瓶。

一开始，那些无法重复克隆鼠实验的科学家还会把失败的原因归结到自己身上。伊尔门塞高超的细胞核操作技术众人皆知，也理所当然地被认为是克隆小鼠实验的关键所在。但是，重复实验的相继失败，加上伊尔门塞对操作技术遮遮掩掩的态度，逐渐让人起了疑心。最后，连伊尔门塞自己实验室的研究员都开始倒戈，认为他在研究里有所隐瞒。1983 年 1 月，在克隆鼠论文发表两年之后，伊尔门塞实验室的研究员们率先站出来反驳他的实验结果，指控他学术造假。

针对伊尔门塞的指控引发了密集的学术调查。最权威的调查来自伊尔门塞供职的日内瓦大学，校方派遣了一个由多位领域内专家组成的调查委员会。调查委员会重点关注了与克隆实验有关的另一项研究。他们的调查结论是“没有切实的证据显示数据造假”，因而伊尔门塞是清白的，不存在学术不端。不过，委员会也发现伊尔门塞发表的论文没有完整地记述和反映实际的实验过程和实验数据。

实际上，委员会发现伊尔门塞的实验记录中“满是涂改、错误和自相矛盾的地方”。在最后的总结中，委员会认为伊尔门塞接受调查的实验记录“缺乏科学价值”，他们建议伊尔门塞在实验室同事以外的人的监督下重复自己的实验。虽然伊尔门塞因为调查报告的结论得以复职，但日内瓦大学的教员们拒绝接受委员会的调查结果。终于，在 1985 年，伊尔门塞从日内瓦大学辞职，据传是他的同事向校方请命不要与他再续约。即使官方的调查报告认为伊尔门塞是清白的，学术不端的坏名声却一直在他身上阴魂不散。

不过伊尔门塞能否得到平反昭雪渐渐变得不重要了，科学家们对于克隆的热情已逐渐淡去，人们的目光转而投向了其他领域。詹姆斯·麦格拉（James McGrath）和达沃尔·索尔特（Davor Solter）两人一直致力于重复伊尔门塞和霍普的实验，却成了埋葬它的始作俑者。麦格拉和索尔特在美国费城威斯达研究所（Wistar Institute）共事，两人的日常工作中经常需要将小鼠单细胞胚胎的细胞核转移到另一个单细胞胚胎内。这种核移植操作对胚胎的发育几乎没有什么影响，但如果细胞核的供体是更成熟的细胞，就难免会影响胚胎的正常发育。不过，两人在工作中的确有过用两细胞胚胎细胞核构建的胚胎成功发育到囊胚的例子，但是通常发育也就止步于此了。

如果细胞核的供体是更为成熟的细胞，那么重新构建的细胞从来没有能够发育到囊胚的情况。麦格拉和索尔特并不是把供体的细胞核转入了未受精的卵细胞内，他们按照伊尔门塞论文里的记述，采用了受过精的去核卵细胞。就当时而言，他们这么做完全是出于方法学上的严谨而已，但是以今天的眼光来看，这个细节却是决定克隆成败的关键步骤之一。无论怎样，两人还是在1984年共同发表了他们的研究成果，他们那篇措辞强硬的论文势必会给克隆领域带来萧条。麦格拉和索尔特指出，他们以及其他科学家研究的失败“说明单纯采用核移植的方式克隆哺乳动物在生物学上不可能实现”。

今天看来，麦格拉和索尔特的结论实在有些欠妥，但作为当时的主流观点却广为流传。在那之后，发育生物学家和站在他们背后的经费赞助机构，纷纷对克隆技术表现得意兴阑珊。这种转变一方面源于人们对那篇著名的克隆鼠论文自始至终的不信任，另一方面也是因为其他领域的飞速崛起带来了更新鲜的问题，抽走了科学家们的好奇心和注意力。当时基因工程技术领域喜报连连，科学家们踌躇满志，期望能够掌握定制小鼠基因的技术，以研究特定的课题。

此外，科学家们还发现，在有性生殖的过程中，父母双方都会以各自的方式对DNA进行修饰，父母双方基于性别的修饰是有性生殖成功的保障，这种现象被命名为“基因印记”（imprinting）。发展到今天，基因印记现象对研究克隆的科学家来说至关重要，它能够解释某些克隆动物出生后产生的健康问题。而在20世纪80年代，这是一个令人热血沸腾的全新领域——新鲜出炉的研究结果确凿无疑，许多本应研究克隆的科学家转而投向了这个新兴领域。相比之下，距离布里格斯和托马斯·金的首只克隆蛙诞生已经过去了30年，还是没有出现哪怕一例可信的哺乳动物克隆案例。克隆就像一个朝不保夕、穷途末路的流浪汉。

动物学家的突破：商业动机促成克隆牛诞生

索尔特和麦格拉的结论不对，哺乳动物是能够被克隆的，不仅如此，哺乳动物不光能够用胚胎细胞，还能够用已经分化的成体细胞进行克隆。戏剧性的再反转出现于20世纪80年代中期，并在90年代达到高潮，压轴大戏是多利的诞生。

同样的剧本，然而活跃在舞台上的却是另外一群完全不同的人。我们在前面已经看到，围绕在克隆鼠周围的疑云和争端已经让传统的发育生物学家们倒尽了胃口。对克隆领域仍然抱有热情的是另一部分动物学家，他们的工作地点通常是农业研究机构，研究的方向是牲畜养殖，这里说的牲畜主要是指牛。这些研究人员和之前我们提到的科学家不同，传统的科学家痴迷于技术本身，他们希望通过克隆为研究发育打开一扇窗，而这些为农业机构效力的研究人员的目的则实际得多：牛畜养殖是一个巨大的产业。无论是牛的奶制品还是肉制品，个体之间的差异都非常大。可想而知，奶水高产或者肉质上乘的牛带来的经济效益自然十分丰厚。由此可见，高品质奶牛的克隆显然蕴含了巨大的商机。

商业驱动的科研进展最终证明索尔特和麦格拉是错误的，推翻他们的中坚力量是两组科研团队。第一个团队——与其说是一个团队，不如说是这个团队中立下了汗马功劳的某个人。这名功臣是团队的领导者斯蒂恩·拉德森（Steen Willadsen），他当时任职于剑桥大学附近的一所英国农业研究中心。拉德森研究的最终目标是牛，但是他选择羊作为研究的起点，因为它们的成本相对低廉且易于研究。1984 年 3 月，拉德森的克隆实验首次获得成功，这是世界上首例通过核移植完成的哺乳动物克隆。造化弄人，大约 9 个月之后，索尔特和麦格拉通过他们的论文高调宣布，哺乳动物不可能被克隆。

拉德森的实验总体上复刻了布里格斯和托马斯·金的实验方案，只是针对小得多的羊卵细胞不得不做了一些适应性的调整。其中最重要的一点是，拉德森在实验中采用了未受精的卵细胞，而麦格拉和索尔特在他们失败的克隆实验中使用的恰恰是受精卵。这只是拉德森的无心插柳之举。接下来，由于担心将外源细胞核直接注射进细胞内的操作可能会损伤脆弱的卵细胞，拉德森选择把作为细胞核供体的整个细胞放置在去核卵细胞外，然后设法使两者融合。融合的方式是采用微弱的电流刺激，融合后的细胞中自然就包含了外源细胞核。虽然这种方式会带入其他细胞的细胞质和胞质成分，但是鉴于卵细胞的体积远远大于普通细胞，重构细胞的胞质成分仍旧由卵细胞主导。

完成细胞重构之后，下一个挑战就是如何让胚胎正常发育。为此，拉德森借助了一种他先前发明的技术。他将早期的胚胎用琼脂包裹后，转移到母羊的输卵管内，胚胎通常都能在输卵管内完成早期的发育过程。这些母羊只是作为短期的代孕母亲，为胚胎的早期发育提供合适的环境。拉德森结扎了母羊的输卵管以防胚胎进入子宫。大约在植入 5 天之后，拉德森将胚胎重新回收。如果除去琼脂，胚胎发育正常的话，拉德森就把它们植入第二只代孕母羊的子宫内。拉德森第一次进行这项实验时，有三个克隆胚胎成功发育成了个体。虽然实验中的供体细胞核来自八细胞时期的胚胎，属于未分化细胞，不过这已经足以说明哺乳动物能够通过核移植的方式进行克隆了。

另一个试图克隆大型家畜的研究团队来自威斯康星州的麦迪逊。团队中的研究人员任职于威斯康星大学的农业与生命科学院，由尼尔·菲斯特（Neal Fist）领导。他们直接以牛作为研究的起点，采取了与拉德森类似的实验方法，并于1987年宣告了第一例成功的克隆。和拉德森一样，威斯康星大学的研究人员用电击的方式融合卵细胞和核供体细胞。他们还尝试了多种促进胚胎发育的手段，结果发现最有效的方式仍旧是以琼脂包裹早期胚胎，让其在输卵管内进行发育，并在4~5天后进行回收，移植到第二头奶牛的子宫内。不过总体而言，克隆的成功率还是非常不乐观。菲斯特和他的同事们融合了558对细胞，仅有23个胚胎发育到桑葚胚或者囊胚阶段，19个胚胎被转移到代孕母牛的子宫内，而最后降生的克隆牛仅两头。

强强联合：克隆与转基因技术造就药用奶牛

拉德森的克隆羊和菲斯特的克隆牛为多利的登台亮相做足了铺垫。不过当1996年多利出生的时候，离这两个铺垫已经足足过去了10年。作为多利的出生地，当年的罗斯林研究所（Roslin Institute）和所有其他研究牲畜克隆的机构一样，游离在主流科学界之外。虽然今天罗斯林研究所家喻户晓，但是在多利出生之前，几乎没有科学家听说过这个地方，而知道它在哪里的人就更少了。

推动罗斯林研究所运作的动力与威斯康星州克隆研究的动力别无二致，都是出于对商业回报的渴望。只不过，罗斯林研究所想要量产的不是品种优良的金牌奶牛，真正的幕后推手来自制药企业。研究所的终极目标——时至今日仍然是克隆研究的主要驱动力，是为了生产奶水中含有珍贵药用成分的转基因奶牛。20 世纪 80 年代，科学家们逐渐学会了如何把特定的基因插入到体外培养的细胞中，甚至在某些情境下可以直接插入胚胎内。除此之外，科学家们对于哪些基因能够在何种细胞中表达的知识，也在经年累月之后初具规模。科学家发现，他们能够把编码具有药用价值的蛋白质，比如胰岛素和凝血因子的基因，连同控制这些基因表达的序列一起导入特定的细胞内，继而就能够在动物的乳汁中收集这些药用成分了。至于体内带有外来基因的物种，比如这里所说的动物，科学家们称它们为转基因生物。当然，多利并不是转基因动物，但是克隆多利背后的意图正是为将来生产转基因羊铺路。

要实现上述目标，其实并不一定要借助克隆技术。实际上，克隆多利的主要参与者之一——科学家伊恩·威尔穆特（Ian Wilmut）曾经为寻找克隆的替代技术而潜心研究多年。在开始克隆多利的研究之前，当时已有的技术对于量产转基因动物而言，效率十分低下。当外来的 DNA 片段被注射进入细胞后，它们能够被吸纳进入细胞核 DNA 中，但这种吸纳是完全随机的，通常情况下它们根本没有机会进入细胞核，成功的概率非常小。即便成功进入细胞核的 DNA 中，外来的基因有时也会插入另一个重要的基因中，被腰斩的那个基因便失去了功能。由于这样或那样的问题，外源基因成功插入细胞核的概率大约仅为 1%。

更糟糕的是，目标基因是否正确表达通常要等到转基因动物出生的时候才能知晓。也就是说，生产转基因动物需要为基数庞大的试验性胚胎寻找大量的代孕母亲，数百乃至数千位都是家常便饭。如果生产的是转基因老鼠，问题还不算大；可如果生产的是转基因奶牛，这种方法就显得过于奢侈了。

一种相对廉价和高效的量产转基因奶牛的方式，是首先对单个细胞进行基因修饰，而后用修饰成功的细胞培养出健康的成年个体。当时有的科学家已经用这个手段成功完成了转基因鼠的实验，他们用的细胞是一种非常特殊的未分化细胞，名为胚胎干细胞。我们之后会深入探讨这种细胞，因为人类的胚胎干细胞是目前大热的再生医学领域的关键。当时科学家还没有能够从奶牛或者其他大型家畜的体内分离出胚胎干细胞。理论上来说，通过胚胎干细胞和转基因技术获得的转基因小鼠，其乳汁同样可以作为提取珍贵药用蛋白的材料。不过显而易见的是，这种商品的市场回报肯定会大打折扣。

相比于受精卵，胚胎干细胞的优势在于它们能够在培养基中生长和被操控。简单来说，就是胚胎干细胞可以在体外生长。“体外生长”通常借由一种塑料小托盘，或者也叫培养皿完成，里面会添加培养细胞所需的营养物质。如果威尔穆特能够把目标基因插入胚胎干细胞，而不是受精卵中，那将会对他的研究起到举足轻重的作用。在培养基中检查一个细胞是否成功导入目标基因要来得更容易一些，这意味着威尔穆特的研究只需要涉及单个细胞。胚胎干细胞还有一个独一无二的优点：它们在培养基中生长一段时间之后，依然可以发育成完整的健康个体，至少当时在小鼠中是这样的。如果不用胚胎干细胞，威尔穆特似乎就走投无路了。他当然可以培养和修饰已经分化的细胞，比如皮肤细胞或乳腺细胞，但是之后没法让这些细胞发育成完整的个体。

克隆给了威尔穆特一线生机。尽管当时还没有用分化细胞成功克隆哺乳动物的先例，但威尔穆特知道，如果这种克隆技术可行，那么他面临的困境就能够迎刃而解。成功的关键在于用体外培养的分化细胞克隆哺乳动物，如果可行，那么理论上威尔穆特就能够对培养的分化细胞进行基因修饰，根据表达目标基因的情况进行筛选，然后再用筛选出的细胞获得转基因的健康个体。倘若一切照此发展，克隆获得的转基因动物便能通过乳汁分泌目标蛋白。

许多人都不把这个方案当回事，毕竟，科学家们从 20 世纪 50 年代就开始利用两栖动物研究细胞核移植了，自从 70 年代在哺乳动物中进行研究以来，从来没有人能够用分化的成体细胞克隆出健康的成年个体。威尔穆特并不是一厢情愿，他在 1986 年参加一个科学会议时听到了一个传闻，第一个用早期胚胎细胞克隆羊的科学家拉德森已经成功用来自更晚期胚胎的细胞克隆出了奶牛。这项研究至今没有被发表，不过它意味着更成熟的分化细胞，乃至于经过体外培养的细胞，都能够作为克隆实验中细胞核的供体。

多利诞生：成熟体细胞也可用于克隆

抓到这根救命稻草，威尔穆特让投资人相信了研究的价值，说服他们继续投资。此外，他还做了一个至关重要的决定。在前期的预实验中，威尔穆特发现细胞周期对于克隆的成功率有重要的影响，于是他决定雇用一名细胞周期领域的专家。一名苏格兰邓迪大学的博士后看到了威尔穆特的招聘广告，便欣然搬到罗斯林参与克隆研究，这名博士后叫凯斯·坎贝尔（Keith Campbell）。

我们在第2章中曾经介绍过，所有细胞都处于细胞周期中的某一个时期。细胞周期包括 G_1 期和 G_2 期，处于这两个时期的细胞的主要变化在于生长。S期的主要变化是DNA的复制，这是在为细胞在M期的分裂做准备。G_0 期是细胞的静息期，某些细胞会在这个时期停留相当长的时间。坎贝尔的工作是确定处于哪个时期的细胞最适合作为克隆实验中的核供体。

坎贝尔为此进行了一系列核移植实验，实验的材料包括处于 G_1 期和 G_2 期的奶牛胚胎细胞。他将供体细胞与两种不同的去核卵细胞进行融合：一种是卵细胞在融合的同时被激活，正如自然情况下受精时发生的情况，而另一种则是在核移植之前10小时被激活。坎贝尔繁复的实验设计旨在弄清某种关键蛋白质分子在核移植发生后对胚胎发育的影响。经过对实验结果的分析和评估，坎贝尔找到了一个最优的组合：供体细胞的细胞核必须是二倍体[①]，也就是处于 G_1 期或者 G_0 期的细胞，以及无核卵细胞在核移植的同时被激活。

坎贝尔的实验对象是奶牛细胞，克隆的胚胎也只被允许发育到囊胚阶段。但是实验的结果还是让威尔穆特和坎贝尔有了底气，激励他们在绵羊身上继续实验。培养基中的细胞能够很容易地被诱导进入 G_0 期，只需要限制培养基内的营养物质水平就可以做到，于是威尔穆特

① 二倍体：指DNA的数量与分化体细胞细胞核内的数量相同。——译者注

和坎贝尔决定用 G_0 期细胞作为二倍体核供体。在后续开展的实验中，他们一共用到了三种供体细胞。第一种细胞是早期的胚胎细胞，正如10年前拉德森克隆羊时所用的细胞。除此之外，威尔穆特和坎贝尔还把早期胚胎的细胞分离出来，置于体外进行培养。分离出的细胞有的培养时间较短，外表上看起来还没有发生分化；而有的则在培养基中生长了非常长的时间，已经发生了明显分化。所有三种细胞都在体外通过营养剥夺被诱导进入 G_0 期。

核移植的方式借用了拉德森发明的技术（见图 3-2）。供体细胞与无核卵细胞依靠电流刺激进行融合，发育的重构细胞被植入代孕母羊的输卵管内，顺利发育的胚胎会被再次移植入第二头代孕母羊的子宫内，在那里继续生长和发育，直到分娩。

由于此前哪怕是部分分化的细胞都没能被成功克隆过，所以三种供体细胞中，似乎只有早期胚胎细胞才是有用的供体细胞。而让威尔穆特和坎贝尔惊讶的是，三种细胞都有用。事实上，能否作为克隆的核供体细胞似乎与供体细胞的种类毫无关联，反倒是对 G_0 期的选择成了关键。甚至于，只要在进行核移植实验前诱导供体细胞进入静息期，哪怕是已经明显分化并且在体外培养基中分裂达到 13 次的成体细胞，也依然能够获得发育到囊胚阶段的克隆胚胎。克隆的秘密在于卵细胞的细胞质，细胞质内的某些成分重编程（reprogram）了供体细胞核中的 DNA，让它能够重新控制整个胚胎的发育。

坎贝尔依据实验的结果推测，重编程的过程在处于 G_0 期的细胞中发生的概率最高，而当细胞处于静息阶段时，会预先发生一些有助于重编程的变化。最终，罗斯林研究所的科学家把 34 个正常发育的胚胎转移到了代孕母羊体内。这其中有 5 只小羊成功诞生：两只羊羔在出生后不久就夭折了，还有一只在第 10 天夭折，剩下的梅根（Megan）和莫拉格（Morag）得以幸存。检查的结果显示，两只羊羔是同卵双胞胎，因为它们都是同一个胚胎的克隆。

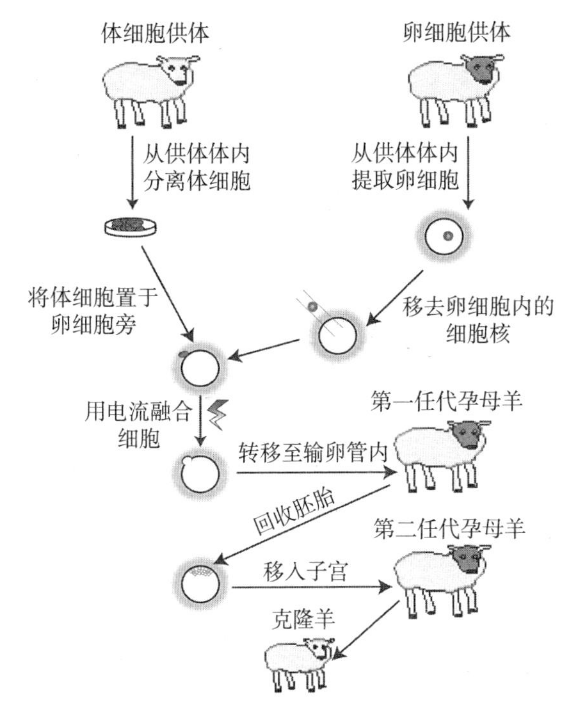

图 3-2　克隆羊实验过程示意图

梅根和莫拉格是最早由分化细胞克隆而来的哺乳动物。虽然它们出生的消息没有即将要到来的多利那么轰动，但它们比多利诞生的意义要大得多。首先，它们证明分化细胞能够作为核移植的供体细胞，直接驳斥了布里格斯和托马斯·金在20世纪50年代提出的克隆效率与核供体细胞分化时间负相关的观点。一夜之间，培养皿中生长了数天、已经完成了13次分裂的细胞也成了克隆实验的材料。其次，威尔穆特设想的量产转基因动物技术几乎呼之欲出。梅根和莫拉格的出生，让人无法怀疑用转基因细胞克隆转基因动物的设想能有什么问题。

有了梅根和莫拉格的成功，用成熟体细胞进行克隆对威尔穆特和坎贝尔而言可以说是小菜一碟了。克隆多利的技术过程几乎与上面说的如出一辙。多利的核供体细胞是一头6岁母羊的乳腺细胞，科学家们在罗斯林研究所的冷藏室里找到了这些冻存的细胞。跟原先一样，这些细胞首先在培养皿中经过诱导进入G_0期，然后与去核卵细胞相融合。克隆的成功率很低，实验中的277个重构卵细胞最终仅分娩出一只羊羔（见表3-1）。

表3-1　多利克隆过程的成功率统计

	数量	百分比
重构卵细胞数	277	100%
从输卵管回收的重构卵细胞数	247	89%
成功发育到桑葚胚/囊胚阶段的细胞数	29	10%
成功受孕数	1	<1%
成功分娩数	1	<1%

不过，这一只已经足够了。多利出生于1996年7月5日。它的名字取自著名的乡村音乐女歌手多利·帕顿（Dolly Patron），暗示它克隆自母羊的乳腺细胞（见图3-3）。

图 3-3 多利和它的代孕母亲

多利的代孕母亲是苏格兰黑面羊，而多利是白面的芬恩多赛特羊的克隆（罗斯林研究所供图）。

科学家如何分辨克隆的真假？

你可能会疑惑，科学家要如何能够认定多利是一个克隆体呢？对于多利而言，它是茫茫 277 个备选中唯一的幸存者。也许是当时代孕的母羊已经怀有身孕呢，或者多利并不是分化细胞的克隆体，而是某个凑巧混入的未分化细胞的克隆体呢。

为了检验两个动物个体的遗传信息是否完全相同，科学家应用了一种叫 DNA 指纹图谱（DNA fingerprinting）的技术。这与亲子鉴定用的是同一种技术。此外，全世界的警察都在用这种技术对犯罪现场收集的证据与特定的嫌疑人进行比对。它的原理是对样本DNA高变异区的序列进行比较。如果本来应当极为多样的高变异区中，多数序列都吻合，科学家就可以认定两者在遗传上同源。多利的指纹图谱与供体细胞的几乎完全吻合。根据统计学估计，科学家们认为多利不是克隆体而与供体具有相同指纹印记的概率大约为二十亿分之一。简而言之，多利碰巧是未分化细胞的可能性，远远小于你中乐透或者被闪电击中的概率。

1997年2月，在多利诞生的消息被公开之后，全世界都震惊了。它登上了世界各地媒体的头版头条。多利的诞生意义非凡，因为它证明了分化的成熟体细胞也能够进行克隆，一劳永逸地驳斥了一个世纪前由魏斯曼提出的种质论。多利也引发了一场跟风研究的狂潮，无数实验室试图重复和拓展这种克隆实验。不过，多利的影响力远远超出了单纯的学术范畴。它经久不衰的名气不是因为它打开了新兴的科学之门，而是因为它又将人们对于克隆人的恐慌散布到了人间。

章后总结

1. 克隆这个词指的是一种特定技术，又被称为“体细胞核移植”，这项技术最早由汉斯 · 斯佩曼在 1938 年提出。
2. 奥古斯特 · 魏斯曼提出的“种质论”启迪了后来的克隆研究，其主要内容为：细胞的每次分裂都会导致子细胞内的遗传物质减少。
3. 1910 年，弗朗西斯 · 麦克雷登成功分割了两细胞时期的青蛙胚胎，表明细胞内的遗传物质在分裂过程中并不会减少，每个早期胚胎细胞内都包含指导生物体发育的完整信息，这证伪了魏斯曼的“种质论”。
4. 与两栖动物相比，哺乳动物的卵细胞更小，相应的克隆难度也就更大。20 世纪 80 年代到 90 年代，诸多科学家纷纷展开哺乳动物克隆研究，克隆羊多利的诞生成为这场竞争的压轴大戏。

延伸阅读

吉娜·科拉塔（Gina Kolata）的《克隆：多利的诞生与未来之路》（*Clone: The Road to Dolly and the Path Ahead*）是一本集可读性与娱乐性于一身的书，书中详细记述了本章中涉及的克隆多利事件。科拉塔采访了多位参与多利克隆的一线研究人员，生动展现了这个领域的发展脉络。

如果想要深入了解罗斯林研究所克隆多利的技术细节，我想《复刻生命》（*The Second Creation: Dolly and the Age of Biological Control*）是一个不错的选择。这本书的作者是威尔穆特和坎贝尔——多利的两位缔造者，以及另一位科学作家，它提供了弥足珍贵的研究者视角。

对于喜欢科学猎奇和八卦的读者而言，可以去看看罗威克的《自我的镜像：人的克隆》。虽然这本书已经绝版，不过你可以试试在二手书商那里碰碰运气。鉴于目前克隆技术的飞速发展，罗威克书里的东西真的有些过时了，这个故事本身也带有浓重的时代气息。

A
BEGINNER'S
GUIDE

4

多利诞生之后，技术突破与瓶颈共存

在多利出生之后，科学家又进行了哪些探索？

克隆技术到底会对动物的健康状况造成什么样的影响？

克隆技术拥有哪些应用前景？

利用克隆技术拯救濒危物种、克隆宠物能够实现吗？

多利出生的消息在克隆领域掀起了一场革命。克隆研究从无人问津的牧场上，以迅雷不及掩耳之势杀回了主流生物学界。在最初跟进的一些实验展现出良好的前景后，之前还对克隆技术颇不待见的资助机构纷纷为与之相关的项目慷慨解囊。

克隆领域的狂热并不令人感到惊讶。虽然已经淡出很久，但是克隆为科学家带来了许多前所未有的机遇，它是研究动物发育的绝佳手段，这也是当年汉斯·斯佩曼为克隆奔走疾呼的原因。此外，从复制家庭宠物到量产人为改造的转基因动物，克隆还具有巨大的商业和医学应用潜力。虽然到目前为止，市面上鲜有克隆相关的应用产品，但是克隆技术在各个新兴领域的前沿攻城略地、势如破竹。尽管如此，克隆依旧非常低效，要发挥它最大的价值，前路依旧困难重重。

1998 年的喜讯：分化细胞成功克隆出牛

多利出生之后，摆在科学家面前的刻不容缓的任务，是在其他物种身上验证克隆的可行性。根据经验，由于大多数哺乳动物的类似性，科学家们经常会猜想适用于一种哺乳动物的技术也会在另一种哺乳动物身上可行，但关于克隆多利的技术能否用来克隆其他物种，科学家们对此持保守态度。部分原因是因为绵羊的克隆似乎相对容易，而其他动物在克隆实践中的反馈并不理想。科学家们翘首以盼，静候着第一篇用成熟体细胞克隆其他哺乳动物的论文出现。

他们没有等很久。1998 年即将结束的时候，两个研究小组报道了成功用分化细胞克隆牛的实验，另外，同样的技术还首次成功应用于小鼠。这些结果证实，多利的成功并非侥幸，克隆技术大有用武之地。不仅如此，成功克隆奶牛让先前希望通过乳汁生产药用成分的设想离现实又近了几分，而克隆鼠则为生物研究的实验室技术增强了信心。

1998 年，有两个研究小组分别报道了成功的克隆牛实验。其中之一由马萨诸塞大学的约瑟 · 奇贝利（Jose Cibelli）领导，他的小组用核移植技术成功克隆了转基因奶牛。小组内的科学家为此修饰了核供体细胞的细胞核，让它能够表达一个细菌基因。他们用核移植技术构建了 276 个融合细胞，最终得到了 3 头健康的小牛犊。所有出生牛犊的遗传物质完全相同，身上的细胞也能够表达导入的细菌基因。这项实验的成功率相对于多利而言有所提升，后者在最初构建了 277 个融合细胞之后，仅得到多利这一棵独苗。另一个成功的研究小组由一群日本科学家组成，虽然他们的奶牛不是转基因奶牛，但完全是由分化的成熟体细胞，而不是胚胎细胞克隆而来的。不仅如此，他们的克隆实验还展现了相对突出的高克隆效率：在移植入代孕母亲的 10 个囊胚中，有 8 个最终发育为成熟幼体。

小鼠是实验室中研究哺乳动物发育的工具台。经年累月，科学家已经为研究这种小型啮齿动物设计和发明了一整套程序，用以操控它们的基因和表达。为了便于研究，科学家们杂交和繁育出了许多变种，或称为品系。今天，如果你想要研究某个特定的问题，你只需要翻开一本小鼠品系目录，找到符合你需求的小鼠就可以了。无论你想要的是有癌变、心脏病，还是有胰岛素抵抗倾向的小鼠，都只需要一通电话的工夫。可见，克隆要想成为研究发育过程的生物学技术工具，克隆小鼠是绕不开的必经之路。

早期克隆小鼠的实验屡屡受挫，直到克隆多利的技术出现，科学家们终于得以成功克隆小鼠。完成这项开创性工作的团队来自夏威夷大学，成员包括博士后若山照彦（Teruhiko Wakayama）、实验室主任柳町隆造（Ryuzo Yanagimachi）和数名实验室的其他成员。克隆鼠研究的有趣之处在于，研究人员重新捡起了布里格斯和托马斯·金在将近50年前进行克隆蛙研究时用过的技术，他们用注射，而不是像多利那样通过细胞融合转移细胞核。利用这种方式，研究小组得到了50多只新生小鼠。这些小鼠都是用卵丘细胞（cumulus cells）克隆的，卵丘细胞通常围绕在发育中的卵细胞周围，为其提供保护。所以，当第一只克隆鼠在1997年10月3日出生时，科学家给“她”取名为卡姆莉娜（Cumulina）。卡姆莉娜后来产下了两窝幼崽，寿终正寝的时候离它降世已经过去了两年零七个月，比普通小鼠的平均寿命还要再长7个月。

除了首只克隆鼠，夏威夷大学的这组科学家还实现了一个重要的突破。由于小鼠的成熟周期很短，若山照彦和他的同僚们不仅得以克隆普通小鼠，随后还克隆了克隆小鼠，这是历史上第一例二代克隆动物。第二代克隆鼠的遗传物质不仅与其“母亲”完全相同，也与其“祖母”，也就是当初的细胞核供体分毫不差。第二代克隆鼠沿用了第一代的技术，两次克隆的成功率相近，所得的小鼠健康状况也没有发现明显差异。

成功克隆奶牛和小鼠意义非凡，科学家们随后继续跟进，扩充了能够克隆的物种数量。1999 年，有科学家成功克隆山羊：利用已经分化的胎儿细胞和核移植技术，科学家获得了三头健康的雌性山羊。一年后，克隆猪问世，它的出现因为两个原因而显得尤为重要：第一，猪在世界上许多地区都是重要的食物来源，畜牧业经营者非常乐于看到克隆技术用于提升肉制品产量的那一天到来；第二，由于猪的内脏不管是尺寸还是功能都与人类的接近，它们一直都被视为移植手术重要的潜在器官来源。培育经过基因修饰、专门用于器官移植的猪，是克隆技术能够描绘的未来图景。

眼下，科学家已经成功用分化细胞克隆了猫、大鼠、家兔、马和鹿，甚至还有人克隆了骡子——这种公驴和母马的杂交后代是不育的，可以说，克隆打破了自然条件下的生育法则。简单来说，科学家已经成功克隆了他们能够接触到的大部分哺乳动物，区别仅仅是有的动物克隆比其他动物稍微困难一些而已。

稍显困难的物种之一是狗。狗的生殖系统非同寻常，比别的哺乳动物都要复杂不少，主要在于狗的卵母细胞在排卵后即便没有受精也会继续发育。科学家必须针对这点对原有的克隆技术进行改进，技术门槛导致这个最受人类宠爱的物种迟迟没有能够被克隆。2005 年，在经过多年研究和无数尝试之后，一个科研团队宣布他们成功克隆了狗。克隆狗的名字叫史纳比，它还有一个响亮的名头叫“首尔大学之星”（Seoul National University puppy）——首尔大学是这项研究开展的根据地。克隆狗出生之后立刻在全世界引起了关注，史纳比也许是当今世界上第二有名的克隆动物，它甚至被《时代周刊》评选为“2005 年年度创新成果”之一。不过，克隆史纳比的研究所后来绯闻不断，频频传出学术造假和不端，不禁让一些同行质疑史纳比的真实性。2006 年年初，一项针对史纳比身世血统的调查最终证实它的确是一只克隆狗，之前社会大众给予它的历史地位实至名归。

除了狗之外，非人类的灵长类动物也是让科学家头疼的问题。尽管苦苦尝试多年，经历无数次失败，科学家们依旧在利用核移植技术克隆这类与人类亲缘关系最近的动物上一无所获。大多数科学家仍然乐观地认为，未来总有一天，我们能够像曾经成功克隆小鼠、奶牛或绵羊那样克隆出猴子，也有少数科学家对此持怀疑态度。匹兹堡大学一支由杰拉尔德·斯查顿（Gerald Schatten）领导的研究团队曾经尝试过克隆恒河猴，因为生理学上的相似性，恒河猴在与人类医学健康相关的研究中需求量巨大。斯查顿的研究组没有能够成功，失败之后他们试图回头寻找原因。后来的结论是，研究团队认为卵母细胞的细胞核中含有一种纺锤体形成必需的蛋白质，没有了纺锤体和有丝分裂，正常的发育过程也就无以为继。斯查顿在论文最后的陈词，不禁让人想起麦格拉和索尔特在 1984 年下的断言：“以目前的技术水平，要用细胞核移植的方式获得非人灵长类动物的胚胎干细胞仍有困难，所以生殖性克隆在当下是不可能实现的。”

动物克隆技术在不断的探索过程中日渐完善。你可能还记得，克隆多利的供体细胞在进行核移植之前会被诱导进入静息期。当时的科学家认为这是决定克隆成败的关键步骤之一。不过，后来的经验告诉我们，虽然使用静息期的供体细胞的确能够提高克隆效率，但它并不是成功的必要条件。事实就是，世界上已经有了用处于细胞周期其他阶段的细胞成功克隆出奶牛的案例。

多利引发的健康隐忧：胚胎存活率低，个体健康状况好

克隆技术面临的问题不仅仅是能够适用于多少个物种而已，它的成功率亟待提高，克隆动物的健康需要有所保障。这是当今科学家们需要解决的头等难题，极低的效率是阻碍它实际应用的最大绊脚石。

即使你对克隆知之甚少，也肯定在各路媒体上听说过相关的顾虑。多利的健康问题就是一则著名的新闻故事，英国广播公司、美国有线电视新闻网以及许多其他媒体都曾经报道过它身患多种顽疾。2002 年，多利患上了关节炎，之后的 2003 年，在患上严重的肺部疾病后，它被施以安乐死，享年 6 岁。对于正常的绵羊来说，6 岁还远远不到罹患这些衰老性疾病的年纪，于是有人认定克隆技术与多利糟糕的健康状况逃不掉干系。不过科学家向公众解释说，虽然这种可能性理论上存在，但是用单一样本得出的结论是不可靠的。如果想要说明克隆技术对克隆动物的健康有负面影响，那我们也需要用样本量更大的对照实验来验证这一点。科学家并没有能够说服克隆技术的反对者，反对者们坚信克隆直接导致了多利的夭折，是一种非人道的技术。

克隆技术到底会对动物造成什么样的影响？我们来看看科学家们的发现，他们的发现不是针对某一例克隆，而是基于过去 10 多年间完成的成千上万例克隆实验。科学家们首先发现是科学界和媒体混淆了两个完全不同的问题。一方面，克隆所谓的低成功率主要是指胚胎发育，多数胚胎根本没有机会发育为成熟的幼体。而另一方面，对于成功出生并且顺利度过最初几天的克隆动物而言，受到健康缺陷危害和困扰的个体仅仅占了总数的一小部分。

提到多利，人们经常谈到一个比例——1∶277。这是实际克隆多利的实验中，最终成功的比例。从最初构建的 277 个融合细胞中幸存下来，经历胚胎发育并最终分娩的，仅有多利一个。这个成功率的确非常低，但这也并不是说罗斯林研究所的科学家们造出了 200 多头缺胳膊少腿、外形像绵羊的怪胎。绝大多数失败发生在克隆的早期阶段。277 个融合细胞中，只有 29 个（大约占总数的 10%）发育到了桑葚胚或者囊胚阶段。（这两个阶段是发育的早期阶段，微小的胚胎历经这两个阶段之后才能被移植到代孕母亲体内。）这 29 个胚胎是最初那 277 个细胞中能够进行后续移植的仅存硕果。在移植到代孕母羊的子宫内后，又有许多胚胎着床失败，或者发生自然流产；当所有代孕母羊在大约第 50 天接受超声检查时，只有一头母羊怀有身孕。胎儿发育正常，最后出生的羊羔就是多利。可以看到，1∶277 的比例把故事讲得过于简单了。诚然，克隆的成功率很低，但是在多利的例子里，大部分的失败都集中在胚胎的早期发育阶段。

这种克隆胚胎的“低效性”在实验里数不胜数。通过比较不同克隆实验中的成功效率，科学家们渐渐找出了克隆原理的眉目。通常来说，每 100 次克隆动物的实验中大概只有不到 5 次是成功的——当然，在少数情况下会有比这高的比例。总体而言，只有不到 5% 的克隆动物能够正常出生，并且健康地过完一生。对于某些动物而言，比如多利，失败的克隆主要出现在胚胎发育的初期；而对于另一些动物，比如若山照彦教授的克隆鼠，失败的克隆较为平均地分布于实验的各个环节。

胚胎一旦丢失，通常很难再被找回，不过凡事无绝对。科学家们仔细研究发育失败的克隆胚胎，希望能够通过流产胚胎弄清克隆过程中存在的问题。在子宫完成着床和开始发育的胚胎中，流产最常见的原因是胎盘发育异常。在这一点上，科学家们已经逐渐达成共识，往往并不是胚胎本身，而是胚胎外组织发育异常导致了克隆失败。胎盘在胎儿营养供应中扮演着关键角色，它的异常发育将导致胎儿的发育缺陷，久而久之，胎儿无以为继，就会发生流产而丢失。在许多克隆胚胎发生流产的情况中都能够找到类似的异常迹象，科学家认为这些胎儿异常的表现都源于畸形发育的胎盘。这意味着，在这些流产的情况中，克隆技术没有对胎儿本身造成伤害，它通过某种方式影响了胎盘结构的发育。如果科学家能够找出克隆影响胎盘发育的原因并设法弥补，许多克隆胚胎的发育异常问题就能够避免。

不过胎盘只有当胚胎在子宫着床之后才会开始发育，它的异常发育不足以用来解释胚胎在桑葚胚阶段前发生的超高损失率。在发育开始的最初阶段，似乎有一整箩筐的因素在影响克隆的成功率，从核供体细胞的类型到核移植的操作方式，乃至于移除卵母细胞的遗传物质和将外源性的核导入去核卵细胞的方法。以若山照彦教授克隆小鼠的实验为例，当他采用卵丘细胞作为核供体细胞时，将近 60% 的重构细胞都发育到了桑葚胚或囊胚阶段。而当他换用其他两种细胞时，成功率却一落千丈：采用脑细胞时仅有 22% 的细胞，而使用睾丸支持细胞（一种在精细胞发育过程中负责提供营养的细胞）时也只有 40% 的细胞发育到了上面所说的阶段。

去核和融合的实验操作也有可能对重构细胞造成严重的损伤，导致其无法发育。在细胞发育的最初阶段，试图查明这个时期胚胎发育失败的确切原因并不是一件容易的事，科学家们依然比较乐观，他们认为可以通过比较不同的实验和结果找出最优化的操作条件，并就损伤最小的实验条件达成共识。

我们稍稍总结一下，胚胎初期的发育以及与胎盘相关的异常发育能够解释许多妊娠与妊娠之前发生的克隆失败。除此之外，这期间其他影响胚胎发育的问题当然也存在。由于实验中能够观察到的发育异常往往随物种、供体细胞的类型和许多其他因素的改变而有不同的表现，要把某个特定的发育问题归咎到克隆操作的具体步骤非常困难。科学家们正在试图解决这个问题，同时探索如何减少妊娠期间胚胎损失的办法。这一切的主要目标，是为了制定辨别哪些囊胚能够正常发育的评测标准。考虑到移植克隆胚胎和寻找代孕母亲的花费，尤其是对于大型哺乳动物来说，这样的操作标准和技术优化将会大大提升克隆在商业上的实用性。

如果说克隆胚胎的存活率难免让人有些心情低沉、脸上无光的话，那么顺利出生和成活的克隆动物的健康状况会让人感到内心宽慰得多。不可否认，新生的克隆动物可能会出现各色各样的畸形，不过相对于少数派而言，绝大多数顺利出生并且度过降生最初几天的克隆动物都能够过上健康的生活。有一项研究调查了涵盖 5 个物种的总计 335 例克隆动物，发现其中有 259（77%）例克隆动物都没有健康问题，剩下约 23% 的动物在出生时就有各色各样的发育异常，如从肾脏缺陷到原发性高血压，再到细菌感染。

克隆动物的先天性缺陷中，有一些在采用辅助生殖技术出生的动物中也能够看到。最常见和明显的一种异常被称为“巨大后代综合征”（large offspring syndrome），罹患这种综合征的新生动物往往体形异常巨大，并且伴有器官和肌肉骨骼系统的发育畸形。由于这种以及其他一些先天畸形在通过体外受精技术诞生的动物中也同样存在，科学家认为这些问题不能笼统地怪罪于克隆技术，它们是所有涉及体外操控胚胎技术的通病。

至于除此之外的其他异常问题，克隆技术的影响难辞其咎。这些健康问题包括在许多克隆鼠中出现的肥胖症、原发性高血压、骨质疏松，以及在某些克隆奶牛中出现过的贫血症。这些先天性缺陷多数是随机发生，而且往往只祸害单个物种，所以导致试图纠错或是优化克隆操作的科学家感到相当头疼。克隆动物的健康率让科学家觉得喜忧参半。将近 3/4 的克隆动物能够健康生活，考虑到克隆技术不长的发展历史，这个数据多少会让人感到欢欣鼓舞；不过，剩下的 1/4 的动物却被各种各样的先天缺陷所困扰，又让人觉得克隆技术远没有达到令人满意的地步。克隆的出错率无疑要远远高于自然生殖或者人工辅助生殖，亟待更多的研究和优化。

以至于早先提出的，认为多数克隆动物很健康的结论似乎也要站不住脚了。有一组科学家开展了一项详细的针对克隆动物健康状况的病理学研究，小组成员包括了克隆技术的先驱伊恩·威尔穆特。科学家们仔细检查了 8 头克隆绵羊的尸体，它们要么是死胎，要么在出生后不久就夭折了。他们在这些早夭的绵羊体内发现了许多先天性缺陷，某些缺陷与人类的罕见遗传病十分相似。这个结果不禁让人对克隆动物"成活即健康"的结论萌生怀疑，因为如此详细的病理学检查无法在成活的动物身上进行，存活的克隆动物是否也带有这些遗传缺陷也就无从得知。

这个研究还有一个非常重要也较少有争议的发现，那就是克隆动物的后代往往很健康。即使作为父母的克隆动物具有明显的身体缺陷，比如患有严重的肥胖症，它们的后代也不会表现出任何异常，这一点几乎毫无例外。这个发现对于那些希望克隆技术产业化的人来说至关重要：既然种种安全原因限制了克隆动物作为商品的价值，那么何不利用它们的后代呢？也就是说，距离超市开始卖克隆奶牛的日子也许还很远，但是离开始卖克隆牛后代产的牛奶的日子可就近多了。

乍一看，克隆动物的后代更健康这一发现似乎有点出乎意料，不过对于研究克隆的科学家来说则不尽然。想要知道为什么，你首先需要知道在克隆中影响动物发育的最主要因素不是"遗传"，而是"表观遗传"（epigenetic）。表观变异（epigenetic changes）指的是由基因表达方式改变而引起的性状变化。克隆过程中由于异常重编程导致的性状改变几乎全部源于表观遗传。DNA 的序列没有改变，但是读取序列和合成的蛋白质发生了变化。当克隆动物通过自然生殖繁衍后代时，细胞中掌控基因表达的表观遗传信息得以归零和重启，后代也可以正常完成发育。

表观遗传和克隆

成熟体细胞与胚胎性细胞在许多基因表达上的差异都属于表观遗传研究的范畴。基因表达的改变可能是因为染色体成分蛋白质的变化，也有可能是因为DNA分子结构的变化，但是无论哪一种都没有改变它的序列。当科学家用分化细胞作为核供体细胞进行克隆时，作为供体的细胞中就已然带有这些表观变化，所以需要进行重编程。多利以及其他许多克隆动物的诞生证明重编程是完全可能的，尽管如此，科学家们还是认为重编程只是特殊条件下的罕见现象。重编程失败能够部分解释为什么克隆的效率非常低。

支持表观遗传的最坚实有力的证据来自针对小鼠的研究。由鲁道夫·耶尼施（Rudolf Jaenisch）领导的一组科学家，在怀特海生物医学研究所（Whitehead Institute of Biomedical Research）比对了10 000个克隆小鼠与正常小鼠的基因表达后，发现克隆小鼠的胎盘中有4%的基因存在异常表达现象。除此之外，科学家还发现克隆鼠与正常鼠的基因印记和DNA甲基化也存在区别，而这两点都是造成表观遗传现象差异的重要原因。

我们至今仍然对重编程如何让已经完成分化的细胞核能够再次控制细胞启动胚胎发育知之甚少。卵母细胞细胞质内的某些蛋白质似乎是关键，问题在于我们还不知道究竟是哪些蛋白质，它们又是如何控制整个过程的。表观遗传研究的目标之一是提高重编程的效率，并以此为跳板，提高克隆技术的成功率。

克隆技术应用 1：克隆灭绝动物、宠物及商用动物

虽然一直以来克隆的成功率在实际应用中都饱受诟病，但科学家也并不是完全束手无策。大多数成功的克隆实验仅仅是为了纸上谈兵，以彰显相关技术在未来具有可行性。当然，它们的前提都是在未来某一天，克隆效率以及克隆动物的健康不再是让我们头疼的难题。克隆技术的应用可以粗略地分为三大类：第一，克隆珍稀动物，包括濒临灭绝的物种、宠物和具有较高商业价值的动物；第二，克隆转基因动物，需要克隆转基因动物的原因有很多，比如提升牲畜的品质以及服务于制药业；第三，利用克隆技术制造人类胚胎干细胞。理论上来说，胚胎干细胞应该能够在医学治疗中得到广泛应用——这一类应用也就是俗称的“治疗性克隆”。在第 5 章中我们将探讨人类胚胎干细胞，届时我们再单独讨论治疗性克隆。本章剩下的篇幅我们会集中关注克隆的第一类和第二类应用。

克隆具有较高商业价值的动物，大概是克隆技术应用中最令人喜闻乐见，也发展最为迅速的方向。职业繁育动物的饲养员对于高品质个体的狂热追求，已经让他们在工作中频频借助精子冻存和人工授精等辅助生殖技术。对于畜牧业的从业者来说，用克隆技术复制优良牲畜这项技术已经近在眼前、唾手可得。

不过，如果克隆的效率一直如眼下这么不堪，那么它终究无法成为量产动物的常用技术。当前，克隆仅仅是作为拯救某些珍贵个体的后备方案，而这些动物的价值往往无法简单地用金钱衡量。不过潜在的转机是，某些从业者正在翘首以盼，他们希望美国政府能够通过相

关法案，允许克隆动物或者克隆动物后代的制品进入市场，这样一来，克隆技术的春天就算是到了。这份期待意味着，至少对于具有市场价值的牲畜，例如奶牛和猪来说，克隆效率的确存在提高的空间。

与克隆牲畜相比，克隆濒危物种的想法就显得稍有争议。核移植技术可以作为拯救濒危物种的有效手段，或者在某些情况下，科学家甚至可以利用该技术把新近灭绝的物种再次带回人间。2004 年，被国际物种救援协会（Species Survival Commission）列为“濒危”的物种数量有将近 7 300 种，因此，通过克隆技术拯救濒危物种的重要性不言而喻。尝试用克隆技术挽救濒危物种、让灭绝动物重生的实验，例如克隆大熊猫和已经灭绝的塔斯马尼亚虎，往往会吸引大量媒体的关注，虽然克隆的成败通常不是公众关心的重点。

克隆濒危物种存在许多科学上亟待解决的难题，克隆灭绝物种就更是前路漫漫。对于濒危物种的生殖生理和习性，科学家就算不是一无所知，最多也只能说是懂点皮毛。能够成功用体细胞克隆绵羊，少不了在此之前的科学家对它们的生理状况进行经年累月的研究，同样的道理也适用于小鼠、奶牛和许多其他物种。更不必说，在优化实验条件的过程中，科学家难免要牺牲不少实验动物。与此相对的，很少有科学家是专门研究濒危物种的，顾名思义，濒危物种的数量自然也没法满足科学家大规模研究的需要。

假定我们找到了一个精通雪豹生殖知识的科学家，那么下一个问题将是要从哪里取得用于核移植的雪豹卵母细胞。以当前克隆成功率的上限 5% 为准，成功克隆一头雪豹需要 20 个卵母细胞。但实际情况是，由于我们不清楚濒危动物的生理情况，按照往常首次克隆某种动物的经验，成功克隆一头雪豹可能要用到 100 个甚至更多的卵母细胞。谁也不知道这么多的卵母细胞应该从何而来。濒危动物不像奶牛，也不像猫：奶牛的卵巢在屠宰场里随处可见，猫的则可以在兽医做节育手术的时候获得。从濒危动物身上获取卵母细胞需要施行复杂的手术，用这种方式克隆濒危动物，克隆的成功率甚至可能无法抵消手术所带来的风险。

人人都希望用克隆技术挽救濒危的大型哺乳动物，比如大熊猫，却发现克隆技术非常适合用于保护人们不太熟悉的动物。在哺乳动物中，像啮齿动物那样一胎多产的物种，由于能够高效利用代孕母亲而适合进行克隆。两栖动物和鱼类就更理想了。这些物种大多数都采取体外受精，并且一次就能产成百上千颗卵。这让科学家们轻易就能取得大量用于克隆的原材料，不至于因为要拯救它们而把它们进一步推向濒危的边缘。

既然试图克隆大型哺乳动物的时候面临着重重困难，你可能要问了，被成功克隆的生活在东南亚的白肢野牛是怎么来的呢？它们以及类似的克隆实践，都是对经典克隆技术做了改良后，绕开了某些困难的问题，这种改良的方法被叫作“种间核移植”（interspecies nuclear transfer）。

这种改良的克隆方法需要同时借助两个不同的物种。核供体细胞依旧来自希望得到救助的濒危物种，但卵母细胞的来源却不同。科学家会把供体细胞与另一个物种的卵母细胞进行融合，这个物种通常与濒危物种有很近的亲缘关系，也不在濒危物种名录上。以白肢野牛为例，作为首次被报道的成功案例，科学家在克隆它时所用的卵母细胞来自一头奶牛，不仅如此，它的代孕母亲也是奶牛。通过这种方式得到的胚胎，细胞核内的DNA属于白肢野牛，线粒体DNA则属于奶牛。当时没有人知道这样的杂合胚胎能否发育成幼崽，也许是因为两者遗传上十分相近的亲缘关系,2001年1月，一头健康的牛犊顺利出生。不过好景不长，这头名为“诺亚”的小牛犊在出生两天后，就由于严重的细菌感染不幸夭折。诺亚的夭折是否与它是克隆牛有关暂且没有定论，不过严重的感染在新生牛犊中并不罕见。

2001年再晚一些的时候，几名意大利科学家发表了更加激动人心的成果。他们运用与克隆白肢野牛类似的技术，成功克隆了濒危的欧洲盘羊。欧洲盘羊是一种野生羊，主要栖息于撒丁岛、科西嘉岛和塞浦路斯岛[①]上。人们在荒野的草丛里找到了两具欧洲盘羊的尸体，科学家从尸体中分离出了供体细胞，随后将它们与绵羊的去核卵细胞融合。绵羊和欧洲盘羊亲缘关系相近，所以被用作代孕母亲。参与的科研小组一共制备了23个重构细胞，有7个发育到了囊胚阶段，2头代孕母羊成功受孕，最后有1头欧洲盘羊顺利出生。科学家在这头克隆欧洲盘羊7个月大的时候对外公布说它非常健康。不过随后情况急转直下，它最后因为肺炎去世，没有能够在世上停留太久。

有了这两个先例，种间核移植技术随后被广泛应用到其他物种的克隆中。先前克隆出白肢野牛的科学家们之后被授权克隆了布卡多野山羊——一种已经灭绝的西班牙野山羊。最后一头布卡多野山羊在2000年1月死于西班牙：一棵倒下的树砸碎了它的脑袋。当时的科学家留

① 三座岛皆为地中海的主要岛屿。——译者注

存了它的遗传物质，希望某一天能够通过克隆把它带回人间。这组科学家还克隆了两头白臀野牛，这是一种生活在亚洲的濒危野牛。两头新生野牛的其中一头因为体形异常巨大，出生后不久就被人道消灭了，剩下的那一头一直非常健康，并于 2006 年 6 月出现在圣地亚哥动物园。还有科学家成功克隆了非洲野猫，卵细胞来源和代孕母亲都是普通家猫。虽然非洲野猫不是什么濒危动物，但参与研究的科学家认为，他们采用的种间核移植技术能够在未来帮助其他需要进行克隆的濒危食肉动物。

目前，中国的国宝野生大熊猫数量很少，中国政府已经表露出了对克隆大熊猫的兴趣。为了挽救濒临灭绝的大熊猫，科学家多年来已经采取了许多辅助生殖技术，而他们把下一个希望寄托在克隆技术上。对于中国科学院主持大熊猫克隆项目的科学家来说，他们没有找到和大熊猫血缘亲近、能够作为卵母细胞来源和代孕母亲的物种。2002 年，中国科学家曾经尝试过把大熊猫的体细胞分别与家兔和猫的卵母细胞融合，随后把发育的大熊猫胚胎移植入猫的子宫内。代孕的母猫在接受手术两个月之后就死了，克隆大熊猫的项目只能另辟蹊径。科学家们还正在苦苦寻找更合适的代孕母亲。

同样，由澳大利亚博物馆牵头了一个与克隆大熊猫相似，但是更加野心勃勃的项目，他们希望克隆出已经灭绝的塔斯马尼亚虎，一种长得像狼的有袋类动物。有记录的最后一头塔斯马尼亚虎于 1936 年死于圈笼内。不过，一只 139 岁的塔斯马尼亚虎幼崽的尸体仍旧被保存在纯酒精中。起初科学家们还乐观地认为，他们可以从这具标本中提取出有用的体细胞，不过终究只是一厢情愿，他们发现标本细胞中的 DNA 已经严重损毁，克隆塔斯马尼亚虎的计划也在 2005 年年初宣告流产。塔斯马尼亚虎克隆失败可以代表许多克隆灭绝动物的研究项目，它们面临的主要问题只有一个：缺少用于克隆的合适的细胞样本。

利用种间核移植技术克隆濒危动物的科学家暂时无意将克隆的动物放归野外。他们进行克隆的主要目的是扩大人工驯养环境中的濒危种群数量，以便它们进行自我繁殖。这么设想主要是因为，通过种间核移植克隆的动物，其细胞核和线粒体的 DNA 来源不同。我们甚至不清楚是否应当简单地根据细胞核遗传物质就认定它们是我们想要克隆的濒危动物，不过在它们的后代身上我们就不需要过于担心了。如果一头克隆的雄性动物与自然出生的雌性动物交配，所生的后代无论是细胞核还是线粒体，都不需要担心有其他物种的遗传物质混入（后代的线粒体几乎全部遗传自母亲）。利用这种方式，种间核移植能够成为留存雄性个体 DNA 的绝佳方式，尤其是当科学家希望维持某个种群的遗传多样性，而恰好其中有一些雄性个体无法生育的时候。

科学家们正在这条通过克隆拯救濒危动物的康庄大道上昂首阔步，种间核移植技术也让科学家们有所斩获、越战越勇。不过总有人会把眼界抬高一寸，他们反思了这些研究的必要性和价值。而事实是，对此谁都不确定。物种保护协会对克隆的态度分成了鲜明对立的两派。有的人相信克隆是拯救濒危动物的最后手段，而其他人则坚持认为，克隆技术本身抢走了太多的注意力，这对于拯救濒危动物而言会适得其反。他们质疑，当濒危物种的自然栖息地正在以前所未有的速度遭受破坏的同时，大量的资金都被投到了克隆它们的研究中，这多少有点本末倒置。在他们看来，更好的保护策略应当是把重心放在更传统的目标上，比如保护濒危物种的栖息地、保护现存的野生种群免遭偷猎等。

如果说克隆濒危动物离普通人的生活还很远，那么克隆的另一项更具争议性的应用已经开始在市场上掀起风浪了：克隆宠物。虽然有人对这门生意嗤之以鼻，但是许多与宠物结下情谊的主人还是对克隆爱犬或者爱猫的可能性表现出了兴趣。

在短短几年的时间里，美国国内出现了许多提供宠物遗体组织保存和克隆服务的公司，比较著名的有基因储备与克隆公司（Genetic Savings & Clone）、恩宠（PerPETuate）公司等。类似的公司成立的目的是为主人妥善保存宠物遗留的组织，以便将来当技术成本和效果都达到令人满意的水平后，重新“找回”他们的宠物。这些公司向宠物主人索取 700 美元预付款，然后每年要求其再为保存细胞样本额外支付大约 100 美元。在 2006 年年底破产之前，基因储备与克隆公司甚至已经为客户提供过克隆猫的服务。2006 年年初，该公司的官方网站宣布已经成功克隆了 6 只猫，并且已经将其中的两只交付到缴过费用的客户手中。这家公司宣称能够保证克隆个体的基因与本尊的完全相同，一次克隆的要价高达 32 000 美元。基因储备与克隆公司曾经苦苦等待克隆技术领域的突破，幻想着技术进步带来成本和价格的暴跌，以及在克隆技术改良后拓展克隆狗业务。

包括美国人道协会（Humane Society of the United States）在内，宠物克隆招致了社会上许多不同组织的批评和声讨。2002 年，当首只克隆猫出生的消息登上新闻版面后，美国人道协会在声明中写道："我们一面用极端的高新技术制造着宠物，一面又眼睁睁地看着许多流离失所的动物在外面流浪，这是不是有些本末倒置？"光是在美国，每年就有约 300 万 ~400 万只流浪猫和流浪狗在收留站被人道消灭。不过，克隆宠物的支持者则认为，虽然流浪宠物的命运十分不幸，但是屈指可数的克隆动物并不足以使宠物数量过剩的现实雪上加霜。

还有一些反对宠物克隆的人认为，这个产业容易滋生欺诈行为。他们愤愤不平地表示，悲痛的主人为心爱的宠物支付了数千美元，却很难说到头来带回家的那只就是他们想要的动物。有时是因为道听途说，有时是因为自欺欺人，一些主人选择相信基因决定一切，忽略了环境对宠物生长的影响。世界上第一只克隆猫叫 CC（CopyCat），看起来一点都不像它本尊。CC 的本尊是一只玳瑁猫，这个品种的猫，毛的花纹和图案完全是在发育过程中随机长成的。不过这只是一个特例，大多数情况下，基因仍旧是决定猫的颜色和花纹的最主要因素。基因并不能决定动物所有的特征，尤其是行为和举止。没有人知道克隆动物与本尊的行为能有多相似。我们将在第 6 章讨论基因决定论（Genetic determinism）——一种认为基因决定生物的一切特征的谬论，届时我们将探讨克隆人类的问题。我们可以说克隆宠物很容易让主人摸不着头脑。但是，如果提供宠物克隆服务的公司能够事先针对克隆技术做详细的解释，求助克隆技术的主人们也能在花费一大笔钱之前就知道，克隆宠物不会在每一个方面都与本尊一模一样，那么对于行业欺诈的顾虑就可以有所缓和。

克隆宠物猫的技术也没有能够让基因储备与克隆公司生存下来，但是至少在美国，如果克隆的成功率能够提高，克隆的成本就会随之下降，就会有许多公司前赴后继地投入宠物克隆市场。一些国家既没有这样的技术，公众也没有对这个行业表现出像美国人一样的狂热。不过，有朝一日，当宠物克隆技术在美国站稳脚跟，全世界的宠物主人大概没有理由不到美国享受一下这样的服务。

克隆技术应用 2：克隆转基因动物

前文中我们曾经简单介绍过，伊恩·威尔穆特和凯斯·坎贝尔克隆多利的最初目标是为了量产转基因牲畜。自从多利出生，多年来这个领域捷报连连，数不清的科研小组尝试过把各色各样的基因插入到转基因动物的细胞中。威尔穆特和坎贝尔发明的技术同时涉及克隆和基因工程，因而也一直饱受争议。不过克隆转基因动物拥有许多潜在的好处，例如用于量产免疫疯牛病的转基因牛，用于生产为人类提供移植器官的转基因动物，以及作为制备某些治疗性蛋白至成分的高效手段。

畜牧业从业者是支持生产转基因动物的群体之一，他们看中了克隆技术能够提高畜牧业产量的巨大潜力。提高畜牧业产能的环节有很多，畜牧业从业者相对重视的两个方面包括牲畜的成熟时间和饲料的消耗量，迅速成熟、饲料－体重转化率高的转基因动物自然会显得尤为优质。达到这个目的的一种方式，是在重要的牲畜体内导入外源性的促生长基因，例如在奶牛和猪体内插入编码生长激素的基因。过度表达的生长激素的确能够显著促进动物生长，但同时也带来了至今仍无法解决的副作用。另一种思路是提升动物奶水的质量。以饲养猪为例，母猪泌乳的多少直接决定了猪崽儿生长的速度。科学家们正在不断尝试通过克隆获得产奶量更高的母猪品种。一份报告指出，对于美国国内的猪肉市场来说，只要哺乳期母猪的产奶量提升 10%，就可以每年为这个产业额外带来大约 2 840 万美元的利润。

克隆转基因动物的另一个用武之地是提升牲畜的健康水平。牛海绵状脑病，俗称疯牛病，多年来让整个世界的牛畜产业不堪其扰，所以近来一个热门的领域正是研究免疫疯牛病的牛畜品种。疯牛病以及与之类似的疾病（包括羊瘙痒症，患病的通常是绵羊或山羊）的病因仅仅是一种蛋白质——朊蛋白变异。它有两种不同的分子结构。正常结构的朊蛋白是无害的，但是当其发生变异或者感染而致其变异时，已经转变的朊蛋白（朊病毒）就成了模板，不断把正常结构的蛋白质诱导成致病蛋白质。最终，大量的朊病毒在大脑中形成斑块，导致症状出现。通过转基因技术去除朊蛋白的小鼠也不会表现出任何异常，所以科学家们也不知道朊蛋白在脑细胞中的确切用途。不仅如此，没有朊蛋白的小鼠似乎对一种相当于小鼠疯牛病的传染病获得了免疫。

小鼠实验给研究免疫海绵状脑病的羊与牛带来了一丝希望。2001 年，有科学家报道他们成功培育了一种克隆羊，这种羊每个细胞内的朊蛋白基因都只有一个拷贝①。不过，虽然当时有 4 头克隆羊顺利出生，但它们都在出生后 12 天内相继死去。参与该项目的研究人员不相信如此高的死亡率与删除朊蛋白基因有关，他们认为是前期漫长的细胞培养和后期的基因修饰等步骤让实验细胞不堪重负，造成了不幸的结局。不管如何，2003 年，科学家们采用了一种不同的思路克隆免

① 正常生物体内，绝大多数体细胞中的基因都是成对存在的。——译者注

疫疯牛病的奶牛。他们没有试图去除朊蛋白，相反，他们让奶牛细胞过度表达一种朊蛋白的变体分子。这种变体与正常朊蛋白的功能相似，也不会被朊病毒诱导。它们在脑细胞中不会凝结成斑块，还能够阻止朊病毒肆虐。2003 年 11 月，4 头能够表达变体朊蛋白的牛犊出生，第二年它们被送往日本进行检验，以确认是否具有对疯牛病的免疫能力。如果结果喜人，那么免疫疯牛病的牛畜制品进入世界食品市场将只是个时间问题。

克隆技术还有可能在将来被应用于人类器官移植。医学技术发展到今天，已然有越来越多的人需要在出现器官衰竭的终末期接受移植手术。全世界对移植器官的需求量远远多于捐献量，每年都会有数千人因为没有适配的器官而去世。解决捐献器官短缺的其中一种方法是使用来自其他物种的器官，这种技术被称为“异种器官移植”（xenotransplantation）。因为器官的生理特性与人类有诸多相似之处，所以猪被认为是最有开发潜力的动物。

不过，事与愿违，异种之间的器官移植往往会引起剧烈的免疫排异反应。在猪–人异种器官移植手术中，这种排异反应叫作“超急性排异反应”（hyperacute rejection），是由于猪细胞表面某些蛋白质成分被人类免疫系统识别后而引起的。科学家们通过识别引起排异反应的蛋白质成分和编码它们的基因，已经克隆出了相关基因沉默的转基因猪。下一步，科学家会尝试将转基因猪的器官移植到非人类的灵长类动物身上，以评估它们应用于人体的风险。

异种器官移植

有关动物组织移植到人类身上的非正式记载可以追溯到数百年前，但是直到20世纪60年代，免疫抑制技术开始萌芽之前，这个领域几乎毫无建树。1964年，一名23岁的学校教师在移植手术中接受了一个黑猩猩的肾脏，手术之后他一直支撑到第9个月才撒手人寰，这第一次让世人看到异种器官移植后的确有长期生存的可能。虽然免疫排异让当时研究器官移植的科学家伤透了脑筋，不过9个月已经创下了当初异种间完整器官移植的生存纪录。

全器官移植一直是个难题，但是部分结构的移植要相对容易得多。心脏瓣膜移植通常采用猪的瓣膜，这个手术向来是移植手术成功的典范：过去的30多年中，猪的心脏瓣膜已经成功拯救了数百万名病人。

免疫抑制剂的发展，以及转基因克隆猪的出现，让全器官移植的话题重新被摆到了桌面上。科学家普遍对于将转基因猪的器官移植给人类表示乐观，他们认为排异反应会很小，移植的成功率也会提高。但是无论怎么说，猪-人异种器官移植技术面临的难题还有很多，在它能够广泛应用之前还有许多亟待解决的关键问题。

科学家和一些私人公司依旧保有对转基因动物用于制药的浓厚兴趣，但是除了屈指可数的几个核心实验，这个产业可以说仍旧是在捕风捉影，技术进展步履维艰。迄今为止最确凿的实验证据还是来自罗斯林研究所。在成功克隆多利之后，罗斯林研究所又克隆出了能够在乳汁中分泌一种药用蛋白质的绵羊。用于克隆这些绵羊的供体细胞经过基因修饰，携带有编码人类凝血因子IX的基因。最终有两头转基因绵羊活了下来，分别被命名为波利（Polly）和莫利（Molly）。波利和莫利分泌的人类蛋白质是凝血的关键成分，缺乏这种蛋白质会让人出现凝血障碍，患上 B 型血友病。目前，治疗 B 型血友病的方法只能是从人的血清中提取凝血因子，理论上来说，从动物乳汁中提取凝血因子肯定要廉价得多。

许多这方面的工作都由私人企业作为急先锋，出于专利申请和商业机密方面的考虑，外界很难知道科学家们已经在这个领域走出了多远，不过对该领域感兴趣的公司不在少数。多数国家对于制药行业的管理都非常严格，在转基因技术有能力把商品药物投向市场之前，制定针对克隆动物来源的药物的管控标准可谓是当务之急。

行政管理那边正在为克隆技术焦头烂额，科学家这边也在如火如荼地探索如何制备和分离克隆动物源性的蛋白质。从乳汁中获取目标成分是最常被提起，也相对容易理解的方式。曾有报道说，有人从一升乳汁中分离出了七克目标蛋白。除此之外，其他思路也不是不可以，包括从尿液中分离蛋白质。相较于乳汁，从尿液中分离蛋白质的优势在于，所有动物不论性别和年龄都会分泌尿液。而乳汁只有在达到性成熟的雌性个体身上才能收集到。还有的设想是从血液或者精液中提取药用成分。猪的精液因为富含大量蛋白质而显得很有潜力。这个设想的缺点是科学家在基因层面对精液的蛋白质合成知之甚少，因此短期内应用到实践中的可能性不大。

转基因动物能否以及什么时候才能够合法进入市场，对这个问题只能是“仁者见仁，智者见智”，尚无定论。不过鉴于克隆技术在转基因动物中的应用多数带有十分浓烈的商业色彩和吸引力，相关研究一定还会继续。大概只有时间能够告诉我们，转基因牛群会不会在将来哪一天掀翻今天的制药工厂。

章后总结

1. 在克隆羊多利诞生之后，科学家开始在其他物种身上验证克隆技术的可行性。1998 年，马萨诸塞州大学约瑟·奇贝利领导研究小组成功克隆了转基因奶牛。夏威夷大学的一支研究团队成功克隆小鼠，随后还克隆了克隆小鼠，完成了首例二代克隆。

2. 多利出生后，不幸患上了关节炎，2003 年又患上了严重的肺部疾病，最终被施以安乐死，这引发了大众对于克隆动物的健康问题的关注。

3. 新生的克隆动物可能会带有各种各样的缺陷，不过相对于少数缺陷动物来说，绝大多数顺利出生并且度过降生最初几天的克隆动物都能够过上健康的生活。

4. 克隆技术的未来应用主要分为三大类：第一，克隆珍稀动物，包括濒临灭绝的物种、宠物和具有较高商业价值的动物；第二，克隆转基因动物；第三，利用克隆技术制造人类胚胎干细胞。

A
BEGINNER'S
GUIDE

5

诱人前景：胚胎干细胞与治疗性克隆

什么是治疗性克隆？
什么是人类胚胎干细胞？
什么是人类胚胎干细胞系？
人类胚胎干细胞研究中的胚胎从何而来？
如何验证克隆治疗在人体上的可行性？

治疗性克隆：以获得胚胎干细胞为目的的人类胚胎克隆

当多利降生时，它打开了一扇许多人知道而只有少数人敢向里窥探的门，那就是克隆人类。虽然时常会冒出一些哗众取宠的人扬言要克隆人类，但绝大多数科学家对于克隆人类的想法都持坚定的反对态度。双方的争论在1998年迎来了巨大的反转，这一年，科学家成功分离出了人类胚胎干细胞。伴随着这个颠覆性的突破，许多曾经对生殖性克隆持反对立场的科学家开始逐渐接受治疗性克隆这个新概念。所谓治疗性克隆，就是以获得胚胎干细胞为目的的人类胚胎克隆。目前横扫美国乃至全世界的人类胚胎干细胞研究热潮，背后的巨大驱动力正是这个至今看起来依旧虚无缥缈的设想。

按照治疗性克隆的构想，我们可以用分化成熟的人类细胞作为克隆本体，一直等到克隆出的胚胎发育到囊胚阶段，再从中分离出人类胚胎干细胞（见图5-1）。虽然治疗性克隆还处于理论设想阶段，但是通过这种方式获得的胚胎干细胞已经被证实能够发育成许多不同种类的人类细胞，它们独特的分化能力展现出巨大的医用潜力。不仅如此，由于胚胎干细胞是病人本身细胞的克隆，两者具有完全相同的遗传物质，所以就算它不能彻底根除移植手术中的免疫排异反应，也可以把这方面的问题降到最低限度。巨大的分化潜力和微弱的排异反应，让许多医生、科学家和病患权益人士对人类胚胎干细胞和治疗性克隆的长远发展怀有不小的期待。尽管如此，治疗性克隆不可避免地需要人工制造人类胚胎，而为了分离胚胎干细胞，这些胚胎通常要被杀死，这令相关研究至今充满争议。本章我们将探讨科学家们在再生医学领域中的探索历程，以及他们在该领域中面临的困难。

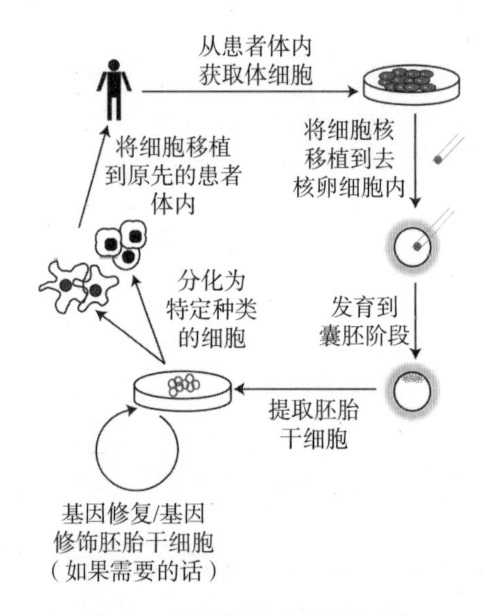

图 5-1 治疗性克隆的基本步骤

人类胚胎干细胞：可以发育为任何细胞的“源细胞”

干细胞是负责修复身体损伤的维修工。它们是一群特化的、未分化或者部分分化的细胞，干细胞的作用是作为成熟细胞的后援军，补充成熟细胞的耗损。许多干细胞只发生了部分分化，通常情况下，每一种干细胞能够继续分化成某几类成熟细胞。干细胞中又以胚胎干细胞最为特殊，它们只存在于胚胎的内细胞团中。胚胎干细胞没有发生任何分化，能够发育为成年生物个体体内的任何细胞。

治疗性克隆

与干细胞研究相关的立场冲突在最近几年愈演愈烈，政治上的异见还带来了命名学方面的分歧，分歧的焦点在于应当如何称呼从克隆的人类胚胎中获取人类胚胎干细胞的行为。本书采用的是“治疗性克隆”这一说法，因为这是科研圈之外的人们耳熟能详的叫法，同时也是该技术的长远目标。也有一些科学家、伦理学家和政策制定者更青睐于称其为“研究性克隆”，他们认为这个叫法更加如实地反映了现状。眼下，科学家们制造人类胚胎的目的并不是用于治疗，而是在为未来某天治疗技术的实现做铺垫，但这天是否能够到来犹未可知。对技术进行命名比一般人想象的更重要，因为它会影响公众的认知。“治疗性克隆”是比较积极的叫法，一定程度上能够赢得公众的支持和认可，而“研究性克隆”则不然。

科学家把一种细胞能够分化成任何一种其他细胞的能力称为“全能性”（totipotency），如果一种细胞只能分化成某一些细胞，这种能力被称为细胞的“多能性”（pluripotency）。科学家通常会把人类胚胎干细胞划分到具有多能性的干细胞中，因为它们无法发育为胎盘以及任何构成胚胎外结构的细胞。

在正常的发育过程中，胚胎干细胞会迅速完成分化，失去独有的发育多能性。不过，从生长的胚胎中分离出胚胎干细胞，然后在培养基中进行培养仍然具有技术上的可行性。体外培养的胚胎干细胞只要受到精细和恰当的照料，几乎能够永久保持未分化的状态，这让科学家能够大量培植，这也是所有涉及胚胎干细胞的治疗技术得以成立的关键条件。

突出重围：成功建立人类胚胎干细胞系

一旦人类胚胎干细胞被从还在生长的胚胎中分离，而后在培养基上成功开始生长，它们就有了一个新的名字——人类胚胎干细胞系。单个细胞系的寿命通常可以有许多年，其间能够为数百乃至数千个实验项目提供帮助。第一个人类胚胎干细胞系于 1998 年由威斯康星大学成功建立，以它为研究对象的同行评议论文如今已不计其数。当然，不是所有细胞系都是干细胞系，世界上最著名的细胞系大概要数海拉细胞系（HeLa cancer cell line）。海拉细胞系是在 1951 年从一位名叫汉丽埃塔·拉克丝（Henrietta Lacks）的宫颈癌细胞中分离出来的，自那以来它已经在数千个实验中被用作研究对象。

虽然科学家们早就知道有人类胚胎干细胞系，但是真要建立一个却困难重重。他们面临的难题包括：如何确定将胚胎干细胞从胚胎中分离出来的恰当时间点，如何无损伤分离胚胎干细胞，分离后如何在培养基中保持其非分化状态等。早在 1981 年，科学家就成功分离获得了小鼠的胚胎干细胞，而人类胚胎干细胞系的建立则又在此基础上额外花费了 17 年之久。

之所以间隔那么久，最主要的障碍在于能够用于实验研究的人类胚胎数量十分有限。小鼠胚胎简直可以说俯拾皆是——只要在实验室中冲刷孕鼠的输卵管就能够方便地获得。相比之下，人类胚胎就要稀罕得多，更何况在实验中使用人类胚胎一直饱受争议。人类胚胎研究的批评者认为实验室中的人类胚胎在正常情况下本可以发育成人类，这种观点把胚胎研究推到了等同于堕胎的风口浪尖上。我们暂且把伦理上的分歧放在一旁，无可争议的是，人类胚胎研究先天具有的争议性严重拖累了人类干细胞研究的进程。

分离胚胎干细胞的第一份捷报来自新加坡国立大学医院，完成这项壮举的功臣是医院里的一队科学家，他们的领头人名叫阿利夫·邦梭（Ariff Bangso）。邦梭出生于斯里兰卡，在新加坡落脚之前曾经受训于加拿大，他是一名体外受精领域的专家，1983 年亚洲首例试管婴儿的功劳簿上就有他的名字。邦梭最大的贡献，是他发明和改良了一整套体外培养人类胚胎的体系。这套体系的名字叫序贯共培养（Sequential Co-culture），它的原理是在体外对胚胎发育的环境进行高度还原。邦梭设计这套体系的本意是为了提高体外受精的成功率，不过无心插柳柳成荫，科学家们发现，如今他们可以让受精后的胚胎在体外发育到第 5 天，甚至第 6 天。而正好在这个时间点上，内细胞团里长出了胚胎干细胞，分离和提取它们就成了顺水推舟的事。邦梭和同事们朝着这个目标迈出了一小步，他们从患者捐献的 19 个在体外受精治疗中报废的胚胎里分离出了内细胞团。分离出的细胞在培养基内顺利开始了分裂，在实验的最初期，这些细胞的确保持了未分化的状态。不过好景不长，体外培养的细胞很快发生了分化，因此在 1994 年，当记述这项研究的论文发表的时候，它没有能够引起广泛的注意和讨论。

因为胚胎干细胞研究而出尽了风头的要数威斯康星大学的詹姆斯·汤姆森（James Thomson）。詹姆斯和同事在 1998 年发表的论文中提到了胚胎干细胞系，其他科学家和社会媒体这次仿佛开了窍，一下子就抓住了人类胚胎干细胞系所隐含的非凡意义。突如其来的热潮部分源于人类胚胎干细胞与克隆之间清晰的联系。干细胞的发现，加上利用克隆技术制备胚胎干细胞的设想，又把克隆人类的话题带到了舆论的风口上。只不过这次，舆论的风向有了些许改变，一些德高望重的科学家开始支持把克隆胚胎用于医学治疗的目的。

汤姆森拥有兽医学位，在开始研究人类细胞之前，他主攻的方向是非人类灵长类动物研究。汤姆森干细胞研究的首秀发生在 1995 年，当时他成功分离和建立了灵长类动物的胚胎干细胞系（见图 5-2），这也是历史上第一次有人完成这项研究。汤姆森在实验中首先从一只 15 岁大的恒河猴的子宫中冲刷出胚胎，之后，他用一种现在被称为“免疫手术”（immunosurgery）的方式剥离出内细胞团。免疫手术法由达沃尔·索尔特在 1975 年提出，这种处理方式能够将包裹在内细胞团外的滋养外胚层细胞选择性消除，而包含在内细胞团里的胚胎干细胞则毫发无伤。汤姆森将暴露出的细胞转移到一个新的培养皿中，而培养皿底部事先已经铺上了一层灭活的小鼠胚胎细胞。作为饲养层的小鼠胚胎细胞经过辐射照射后，已经失去了继续分裂的能力，不过它们包含的形形色色的小分子和营养物质才是铺上它们的关键，这些物质能够保证胚胎干细胞的生长，并且维持其未分化的状态。

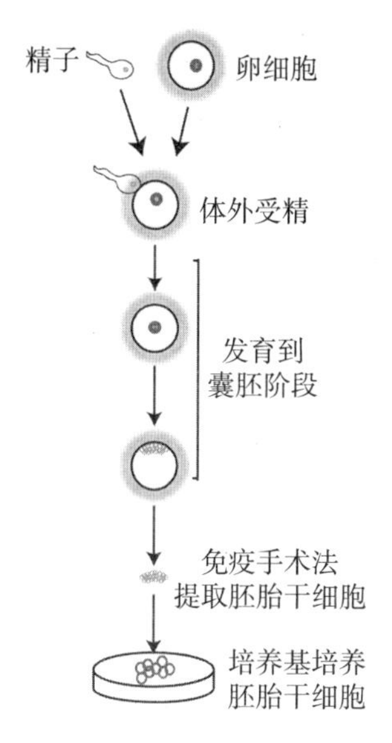

图 5-2　用体外受精胚胎获取人类胚胎干细胞的基本步骤

数年之后，汤姆森在尝试建立人类胚胎干细胞系的时候几乎采用了完全相同的方式。实验最大的困难在于如何获取人类胚胎，可以想见，如果要从孕妇体内冲刷出胚胎将是一件多么丧心病狂的事。汤姆森的选择和邦梭的一样，他想到了利用体外受精治疗中被废弃的胚胎。汤姆森实验中的胚胎来自两家诊所，一家就在威斯康星州，还有一家则位于 9 600 千米外的以色列。

资助汤姆森的研究的是杰龙生物医药公司（Geron Corporation），与绝大多数学术机构的基础性生物医学研究所寻求的美国政府的资金支持不同，杰龙是一家位于加利福尼亚州的上市公司。汤姆森之所以求助杰龙，是因为美国国家卫生研究院有规定在先：该机构严禁资助任何涉及毁伤人类胚胎的研究项目。这条规定发布于 1995 年，不过它真正的渊源是美国政府历来不允许将纳税人的钱用于支持胚胎学研究，唯恐这样做会误导舆论走向，导致堕胎大行其道。

在手头有了可靠的胚胎来源，再加上资金到位之后，汤姆森开启了自己的研究项目。他采用序贯共培养在体外将胚胎培养到囊胚阶段，然后再用免疫手术法剥离内细胞团。与之前的实验相同，剥离出的细胞被置于铺有灭活小鼠细胞的培养基上。汤姆森和同事们一共获得了 36 个人类胚胎，其中 20 个发育成了囊胚。20 个囊胚中有 14 个胚胎的内细胞团被成功分离，汤姆森的团队最后建立了 5 个人类的胚胎干细胞系。每一个细胞系都来源于一个单独的胚胎，并且都能够在体外培养的条件下保持未分化的状态。

克隆人类实验中的胚胎从何而来：生育治疗中的多余胚胎

人类胚胎干细胞研究周围总是萦绕着人们质疑的目光，难免催生对于实验材料的质疑，如果相关实验中需要用到人类胚胎，那么哪些胚胎可以被用于这种类型的研究呢？有的人坚持任何人类胚胎都不应当被用于类似的实验，还有的人则想方设法规避伦理上的争议，企图为胚胎干细胞研究寻找名正言顺的材料来源。

科学家如何辨别人类胚胎干细胞？

许多细胞的外形都很相似，所以像汤姆森这样的科学家必须要想办法证明他们分离出的细胞是真正的胚胎干细胞，而非只是外表相似的普通细胞。有许多手段能够实现这个目标。其中一种方式是看细胞能否在移植到具有免疫缺陷的小鼠体内后发生癌性生长，长成畸胎瘤。畸胎瘤，字面意思即“畸形生长的肿瘤”，其中通常包含了各种各样的分化细胞，畸胎瘤的形成被认为是植入细胞具有多能性的证据。

在特定的培养基中，胚胎干细胞还会自发分化成一种球状结构，被称为拟胚体。如果科学家们能够在拟胚体中找到所有来自三层胚层的分化细胞，就可以认为原细胞具有多能性。

证明细胞多能性最严苛的方式被称为四倍体胚胎补偿法。在这种检验方式中，假定的胚胎干细胞被注射到一个囊胚中，这个囊胚经过特殊处理，无法自己完成胚胎发育。当外源性的多能性细胞被注射到囊胚内细胞团附近时，内细胞团便将其融入自身，胚胎发育得以继续。在这种情况下，成熟个体体内的细胞全部来自外源注射的多能性干细胞，而胚胎外结构则全部起源自经过处理的囊胚。通过让细胞发育为完整的个体，这个方法能够毫无疑问地证实其多能性。不过，显而易见，这种方式因为伦理原因而无法应用于人类胚胎干细胞的研究。

邦梭和汤姆森当初的选择仍然是现今人类胚胎干细胞研究中最常见的：生育治疗中多余的胚胎。诊所中之所以会出现多余的胚胎，是希望尽可能使一对夫妇怀上孩子的概率最大化。处于生育年龄的女性通常每个月只排出一枚卵子，而接受体外受精治疗的女性由于注射了外源性荷尔蒙，每个月能够排出 10 枚甚至更多成熟的卵子。排出的卵子会在体外完成受精并发育，最终，其中的一些会被移植到女性的子宫内。剩余的胚胎会被冷藏，以便在第一批移植的胚胎全部失败或者未来这对夫妇想要再次生育的时候派上用场。冻存的胚胎在当事夫妇决定不再生育之后，仍会在诊所内保存很长一段时间。

理论上来说，这些被遗弃的胚胎还有被捐献的价值——将胚胎捐赠给其他渴望生育者的行为被称为胚胎托孤，不过这毕竟是极少数的情况，几乎所有被遗弃的冻存胚胎最后都逃不过被销毁的命运。既然如此，把这些注定要被销毁的胚胎用于胚胎干细胞研究，似乎就成了顺理成章的事。实际上，在许多国家的法律中，这是研究人类胚胎唯一的合法途径。眼下，没有人确切知道有多少冻存在各个医院和诊所的人类胚胎能够被用于干细胞研究。2002 年有一份报告估计，全美各个诊所冻存的人类胚胎数量大约为 40 万个。这份报告指出，大部分的冻存胚胎是为求诊的患者预备的，不过有大约 9 000 个胚胎将因为毫无用处而被销毁，另有 11 000 个胚胎将被捐献以用于实验研究。

诚然，如果仅仅为了研究人类胚胎干细胞，在实验室通过体外受精获得人类胚胎的方式也是可行的。但是与利用医院、诊所中的多余胚胎的办法相比，仅仅出于研究目的而在实验室中专门制造人类胚胎不免显得蔑视纲常、有违伦理。科学家能够从流产的胚胎组织中分离出一种与胚胎干细胞非常类似的细胞——胚胎生殖细胞（embryonic germ cell），最早由约翰·吉尔哈特（John Gearhatt）和他率领的科学团队在约翰·霍普金斯大学发现。人类胚胎生殖细胞与人类胚胎干细胞在许多重要的特性上都极其相似，应用前景也有诸多交集。不仅如此，无论人们因为什么原因遭遇流产，通常都与实验研究没有直接关系，这让它在伦理学上相对站得住脚。即便如此，胚胎组织也不容易获得，流产和堕胎之间微妙的联系也让它成为众矢之的。有关人类胚胎生殖细胞的论文发表在汤姆森发现人类胚胎干细胞之后区区数天，前者因为后者的光芒而黯然失色，后续跟进的研究和研究人员的热情可谓寥寥。

最具争议性的胚胎获取途径是克隆。虽然执笔行文至此的时候，还没有人用克隆成功建立人类胚胎干细胞系，但是这种方法的理论可行性已经非常明朗。科学家期望利用成熟的人类体细胞克隆出人类胚胎，让其发育成囊胚，然后再从囊胚中分离出胚胎干细胞。这种手段由于碰触到了人类克隆的禁忌而极具争议性。一旦科学家被允许把克隆的人类胚胎培养到囊胚阶段，之后就没有技术壁垒以阻止科学家或者别有用心的人把这些囊胚移植到代孕母亲体内，第一个克隆人的诞生也就成了时间问题。反对从克隆胚胎中提取胚胎干细胞的人坚持认为，人类不应当向有助于克隆人类诞生的方向迈出任何步子，而支持者往往难以割舍治疗性克隆所具有的巨大潜力。克隆人类胚胎的技术就这样在人们巨大的期望和深切的恐惧中，饱受争议却又迟迟得不到定论。

免疫排异：绕不开的人体免疫屏障

所谓胚胎干细胞，就是能够发育出完整人体的细胞，所以也许你会好奇为什么医学如此钟情于克隆胚胎里的胚胎干细胞。答案很简单，也很关键：胚胎克隆来源的胚胎干细胞有可能完全规避移植治疗中让人头疼的免疫排异反应。当免疫系统发现异己的物质时，就会倾巢而出对其展开攻击，导致免疫排异。免疫系统的攻击可能迅速而强烈，被称为“急性排异”；也可能温和而持久，被称为“慢性排异”。但不管是哪一种，最终都会导致受体的死亡。

移植治疗技术在过去半个世纪中经历了巨大的飞跃，不过免疫排异依旧让人束手无策。免疫抑制剂的发明是一个关键的突破，这类药物有 1978 年上市的环孢菌素。近年来，与环孢菌素类似的药物层出不穷，虽然显著降低了免疫排异的发生率，但是往往“杀敌一千，自损八百”。接受移植治疗的患者通常需要终生服药，并且饱受药物副作用的折磨。不仅如此，抑制免疫系统的功能也意味着患者受到感染的风险大大提升。

规避免疫排异反应、提高移植治疗成功率的关键也许就是胚胎克隆技术和人类胚胎干细胞系。如果移植物的遗传特性与受者完全相同，那么免疫系统就不会把它视作外来的异己，也就不会发生免疫排异。如果相关技术进一步成熟，那么通过体细胞核移植克隆胚胎，建立与患者遗传特性相同的人类胚胎干细胞系也不是不可能。科学家希望在这个基础上，设法让这些与患者匹配的胚胎干细胞定向分化，以便获得所需要的细胞种类。最后，分化完全、生长成熟的细胞就可以被移植用于治疗。

根据具体的情况，科学家还设想将治疗性克隆技术与基因工程技术相结合。胚胎干细胞与其他所有在体外培养的细胞一样，能够被定向改造。以治疗一位患有遗传病的患者为例，首先通过克隆胚胎建立病人的胚胎干细胞系，然后修复干细胞系中的基因缺陷，再将改造后的细胞移植回病人体内。这种设想很有可能成为攻克某些遗传病的利器。

治疗性克隆仍然处于假想阶段，但许多科学家都对它不吝褒奖。他们对于治疗性克隆的实践价值非常乐观，对它在一些病因源于某一种细胞的顽疾中的表现尤为期待。经常被提到的这类疾病包括Ⅰ型糖尿病，它的病因是胰岛细胞无法合成足够的胰岛素；还有帕金森病，它源于某种神经元细胞的死亡或损伤。相比之下，治疗性克隆对于涉及大量不同细胞的疾病就有些力有不逮了，比如阿尔茨海默病。那么，科学家们会因此就对治疗性克隆在这些疾病中的应用兴趣索然吗？不会的，他们依旧热衷于利用体细胞核移植技术研究这类疾病的具体成因。以阿尔茨海默病为例，科学家们希望能够对健康个体和患病个体的神经元发育进行比较，对比神经元的发育差异可能会为寻找发病的机制提供线索。这种发育对比研究意味着科学家可能需要为阿尔茨海默病患者建立胚胎干细胞系，而这就需要借助胚胎克隆的一臂之力。

迄今为止，体细胞核移植技术还没有被用于建立针对某种疾病的胚胎干细胞系，不过美国和英国的科学家们正在朝这个方向不断努力，他们的首要目标是糖尿病和肌萎缩侧索硬化（也叫运动神经元病）。科学家们的确已经建立了数个针对遗传病的疾病胚胎干细胞系，但这些细胞系并非来自克隆，而是来自在人工授精中没有通过基因筛查、被遗弃的胚胎。尤里·佛林斯基（Yury Verlinksy）在芝加哥生殖遗传研究所（Reproductive Genetics Institute）领导过一个研究团队，他们通过搜集有遗传缺陷的胚胎，先后建立了18个人类胚胎干细胞系，这些细胞系涉及的遗传病包括杜氏肌营养不良、脆性 X 染色体综合征以及亨廷顿舞蹈病等。

曙光初现：小鼠实验证实治疗性克隆可行

克隆性治疗理论上的可行性一直缺乏人体实验的证据，科学家目前仅有的线索来自动物。不过也不要小看动物实验，它是理论疗法应用于人体实践的必经之路。任何针对人类的治疗方式在被合法化之前，医疗行业管理者都希望看到该疗法在动物身上安全、有效应用的证据。

绝大多数胚胎干细胞疗法的实验都是在小鼠身上完成的。目前有不少团队活跃在这个领域里，改良和优化干细胞疗法的各个环节。其中一个遥遥领先的团队首先在小鼠体内证实了治疗性克隆的可行性。该团队位于马萨诸塞州坎布里奇市的怀特海生物医学研究所，毗邻波士顿，领导者是鲁道夫 · 耶尼施和乔治 · 戴利（George Daley）。虽然团队的研究人员只是证明了干细胞疗法在小鼠身上的可行性，但是根据以往的经验，对小鼠可行的实验最后几乎都能够在人体内进行重复。治疗性克隆在小鼠中的成功，对于它未来在人体中的应用至少算得上是一个好兆头。

你可能还记得，用小鼠进行实验的一大优势在于科学家有多达数千种不同的种系选择。在上面的实验中，科学家最初挑选了一种具有重度免疫缺陷的小鼠品系作为测试治疗性克隆的实验对象。该品系小鼠的重度免疫缺陷是由于它们无法表达基因 Rag2，基因 Rag2 表达缺陷的小鼠能够通过移植配型合适的骨髓恢复健康。这种情况与人类欧门氏症候群（Omenn syndrome）—— 一种罕见而严重的遗传病非常类似，这让 Rag2 缺陷小鼠成为测试治疗性克隆效果的理想工具。

测试实验的第一步是克隆免疫缺陷的小鼠。为此，科学家们从小鼠的尾尖采集体细胞，作为核移植的供体细胞。202 个融合细胞中仅有 27 个顺利发育成囊胚，研究人员成功利用其中一个囊胚建立了该品系小鼠的胚胎干细胞系。接下来，研究者通过常规的体外基因工程技术，向干细胞内外源性地导入功能正常的 Rag2 基因。由此，科学家成功获得了经过修复的胚胎干细胞系。随后，科学家借助四倍体胚胎补偿法，用经过修复的胚胎干细胞繁育出小鼠。他们发现新生的小鼠具有功能正常的免疫系统，这证实缺陷细胞系已经被修复。当然，针对人类的治疗性克隆技术应当旨在治愈眼前的病人，而不是制造健康的克隆体，因此，耶尼施和他的同事们在后续的工作中向人们展示了这些经过修复的干细胞系同样能够用于移植治疗。

所有涉及胚胎干细胞的治疗方法都绕不开如何控制干细胞分化的问题。胚胎干细胞能够分化成任何细胞的优越能力也正是阻碍它投入应用的问题所在，尤其是当科学家试图精确控制它的分化和成熟时，多能性就成了一把双刃剑。在耶尼施领导的实验中，研究人员找到了一种手段，能够在大方向上引导胚胎干细胞分化为造血干细胞。造血干细胞在合适的情况下能够恢复免疫缺陷小鼠的免疫系统功能。科学家们把造血干细胞从胚胎干细胞系中分离出来，以便进一步测试治疗性克隆的可行性。

实验到了最后一步，研究人员要把分离的造血干细胞移植回原先有缺陷的小鼠体内，不过科学家们在这里遇到的困难远超预期。他们最初的移植手术几乎全部失败了，即便移植细胞与受体的基因完全相同，它们还是遭到了受体免疫系统的排斥。耶尼施和同事们认为，导致这种排斥发生的罪魁祸首是 Rag2 基因的功能缺失，而与通过核移植技术获得的胚胎干细胞系本身的遗传特性无关。为了寻找支持该观点的证据，研究者首先除去了疑似导致排异反应的细胞，而后又重复了移植实验。完成移植后小鼠的免疫系统功能只有小幅提升。耶尼施的团队就此打住，然后用基因工程技术彻底除去了 Rag2 缺陷小鼠体内的某种细胞并再次进行移植。这一次，胚胎干细胞移植成功恢复了缺陷小鼠绝大部分的免疫功能。

除了在最后移植阶段遭遇的困境，耶尼施团队的实验勾勒出了治疗性克隆巨大的潜力。虽然实验过程中的每一步都复杂而烦琐，困难重重，不过这个实验证明治疗性克隆的设想是完全可行的，如果进行必要的改进，将这种技术应用于人体治疗也许只是时间问题。

攻下一城：神经元移植拯救帕金森小鼠

在人类胚胎干细胞系所有潜在的医学应用中，最常被提到的是用于治愈帕金森病。这种乐观态度源于帕金森病的病因，它单纯是由于中脑多巴胺神经元的功能失调引起的。虽然人类胚胎干细胞系距离实际应用还有很长的路要走，但科学家们已经在动物实验中取得了重大突破。美国国家卫生研究院的一组科学家在罗恩 · 麦凯（Ron Mckay）的带领下，证实罹患类似人类帕金森病的小鼠，其病情能够利用小鼠胚胎干细胞系得到缓和。他们用一种五步法引导经过基因修饰的小鼠胚胎干细胞选择性地分化为多巴胺神经元。随后，他们将分化得到的神经元移植到缺陷小鼠脑内的指定部分，小鼠半侧身体的帕金森样症状随即得到缓解。

为了评估治疗的效果，研究小组的成员们把接受移植治疗的小鼠与接受“假手术”的对照组小鼠进行了运动能力方面的比较。（科学研究中为了证明明确的因果关系，往往需要挑选恰当的对照组进行实验。“假手术”组的小鼠们都接受了某种与多巴胺神经元毫不相关的细胞的移植，这样做是为了证明实验结果的区别源于移植的神经元种类，而非手术造成的损伤或者损伤恢复的过程。）手术结束 9 个星期之后，科学家在两组小鼠间观察到了显著的区别。

接受多巴胺神经元移植的小鼠在一系列测试中的表现要远远好于对照组，这些测试包括运动能力的测试以及患病侧爪子的使用情况等。虽然患病小鼠没有彻底痊愈，但是病征的缓和显而易见。这项研究的结果展示了，至少在小鼠中，胚胎干细胞系可以分化成多巴胺神经元，并且能够在移植手术后存活，最终部分改善帕金森病的病征。不过科学家还需要在小鼠和非人类灵长类动物身上做进一步的研究，以保证这种疗法在长远上的安全性和有效性。

上面提到的两项研究给人类胚胎干细胞应用于医学治疗带来了希望。尽管如此，要将小鼠实验中的成功技术应用于人体仍旧长路漫漫。科学家们研究小鼠胚胎干细胞的时间比研究人类的长 20 多年，所以他们对小鼠细胞的理解要远远多于对人类细胞。此外，人体实验天生就带有巨大的争议性。尽管很多科学家对人类胚胎干细胞疗法在未来的应用抱有非常乐观的态度，但同时他们当中也几乎没有人相信这是一条马上就能实现的坦途。

突然的警钟：黄禹锡作假引发全球震荡

当人们普遍对胚胎干细胞研究翘首以盼的时候，在韩国发生的一起意外给这个领域敲响了警钟。当年，韩国科学家只用了短短两年时间，就从边缘团体华丽变身为胚胎干细胞研究领域内的引领者。但是仅仅几周之后，他们的励志故事和光鲜形象就在针对其伦理和学术不端的铺天盖地的指控声中轰然破灭。事件的中心人物是国立首尔大学的黄禹锡（Woo Suk Hwang），黄禹锡在韩国科学界拥有极高的声望，所以该事件在整个韩国引起了剧烈的震荡。

黄禹锡原是一名兽医科学家，他因为在 20 世纪 90 年代成功克隆了奶牛和猪而声名鹊起。大概是因为名声早已在外，所以当黄禹锡初次转战人类治疗性克隆领域的时候，他那篇惊世骇俗的论文充其量只是让人感到意外而已。在 2004 年 2 月发表于《科学》杂志上的论文中，黄禹锡和合作者们宣称，他们克隆了 30 个人类胚胎，并且成功利用其中一个建立了人类胚胎干细胞系。

当时，这无疑是历史上首篇报道从克隆胚胎中提取人类胚胎干细胞的论文，它在同行间被广泛传阅，众多科学家们视之为治疗性克隆发展的重大里程碑。黄禹锡和他的合作者在论文中表示，他们通过无偿捐献的形式获得了 242 个人类卵细胞，这个数目简直让同行们望尘莫及，而世界上其他地方的胚胎研究都在为因为卵细胞的来源而苦苦挣扎。除了欣羡之外，科学家还是免不了为实验的效率而感到神伤，将近 250 个卵细胞中最终只获得了 1 个人类胚胎干细胞系，治疗性克隆的经济价值不免让旁观者心头发凉。

除了这篇石破天惊的论文，黄禹锡在 2004 年可谓春风得意。在如潮的赞誉中，只有一丝隐约的争议围绕着黄禹锡实验中所使用的卵细胞的来源展开。争议的起因是一名来自黄禹锡实验室的博士生向《自然》杂志揭发，她及实验室中的另一名女性研究员为研究项目捐献了卵子。生物技术科学家们通常认为，让学生或者低阶研究员捐献卵子是不恰当的，因为这样做难免会存在迫于地位压力的因素而有违伦理。这名博士生后来撤回了自己的投诉，并称是由于自己表述不当而引起了误解。有人对该学生前后不一的言论提出了质疑，毕竟这名博士生在最初接受采访的时候，明确提到了捐献卵子时前往的医院和她这么做的原因。不过，即使有关部门启动了对卵子来源的调查，也几乎没有对黄禹锡造成什么影响。

黄禹锡的实验室在 2005 年公布了多项重大突破。2005 年 5 月，他们在《科学》杂志上发表了第二篇有关治疗性克隆的论文，详细阐述了在前一年的工作基础上获得的巨大进步。在这篇论文里，他们声称实验室通过克隆胚胎建立了 11 个与疾病相关的人类胚胎干细胞系，不仅如此，他们还大大提高了治疗性克隆的技术效率。与前一年需要将近 250 个卵细胞才能建立 1 个胚胎干细胞系相比，2005 年，他们平均只需要 12~17 个卵细胞就能建立 1 个与疾病相关的胚胎干细胞系。第二篇论文不仅明确证实了第一篇论文的结果，同样关键的还包括它所体现的技术效率的显著进步。谁也没有想到，治疗性克隆经济可行性方面的进步居然可以那么快。

虽然这篇论文的25个作者中有24个是韩国人，但剩下的那个人却是例外。两年前折戟于希望通过克隆类人猿胚胎建立胚胎干细胞系的发育生物学家杰拉尔德·斯查顿，赫然出现在了论文的主要作者名单里。黄禹锡的威望在论文发表之后不断提升。2005年8月，世界上第一条克隆犬史纳比在首尔诞生，消息一出，黄禹锡作为世界克隆领域首席专家的地位被进一步巩固。随后，在10月中旬，韩国启动了建立世界干细胞中心（World Stem Cell Hub）的项目，该机构旨在推进全世界范围内的人类胚胎干细胞研究，帮助科学家们利用克隆胚胎建立人类胚胎干细胞系。黄禹锡理所当然地被任命为该机构的首任负责人。

但在2005年11月初，斯查顿突然提醒《科学》杂志关注韩国国内媒体有关黄禹锡有偿购取同事卵子以供实验需要的新闻报道。紧接着在11月12日，斯查顿突然断绝了和黄禹锡之间的联系，他给出的理由暗示是"黄禹锡向他谎报了卵子的真实来源"，两人20个月来的合作随之宣告破裂。斯查顿的姿态给反对黄禹锡的声浪打上了一针强心剂。迫于韩国国内媒体的巨大压力，黄禹锡在两周后出面承认，先前实验中所用的卵子主要来源于有偿捐献。此外，实验室中资历较低的研究员也为实验提供了卵子。黄禹锡声称自己长期以来对这些违反伦理的行为一无所知，同时为没有在得知真相后第一时间站出来澄清而致歉。

虽然黄禹锡的实验在伦理学方面存在重大瑕疵，但这并不能让人怀疑其技术价值，科学家们仍然把他的研究视为治疗性克隆领域的巅峰。转折发生在同年12月，指责黄禹锡学术造假的言论甚嚣尘上。一家韩国电视台报道，有人在黄禹锡实验室中发现了至少一个疾病相关的人类胚胎干细胞系，其基因与研究人员声称的样品来源组织不符。没过几天，黄禹锡主动告知《科学》杂志，他在2005年发表的那篇论文中有一部分图片存在谬误。这一连串事件让匹兹堡大学和国立首尔大学坐不住了，校方随即启动了对黄禹锡的调查。调查开始之后，黄禹锡的论文开始变得漏洞百出。12月13日，斯查顿敦促黄禹锡撤回5月发表的论文。斯查顿在写给《科学》杂志的信件中说道："我仔细复查了论文中发表的图表，结合当前最新披露的谬误，现在我对这篇论文的准确性提出严重的怀疑。"3天后，黄禹锡在一场记者发布会上公开承认了论文中出现的诸多错误，并表示将恳请《科学》杂志撤回自己的论文。但是，他对于自己的实验室已经能够利用克隆胚胎建立人类胚胎干细胞系这一点没有让步。

一个月后，国立首尔大学的调查委员会公布了他们的调查结果：黄禹锡的两篇突破性论文都被判定为蓄意造假。调查委员会宣称黄禹锡团队从未成功利用克隆胚胎建立过任何人类胚胎干细胞系，他们在2004年和2005年的两篇论文中都篡改了实验数据，以达到掩人耳目的目的。报告中指出，2004年的胚胎干细胞系更像是来自孤雌生殖，而不是克隆。报告同时还提到黄禹锡的实验室的确掌握了将人类胚胎体外培养到囊胚阶段的技术，如果撇开其他一切不谈，这项技术本身是值得称道的。最后，报告还指出史纳比的确是世界上第一条克隆犬。

国立首尔大学的报告让一直大力支持黄禹锡研究的韩国政府颜面尽失，不仅如此，从长远的角度来看，直到今天我们仍然可以感受到它对于韩国国内生物医学技术领域造成的震动。总而言之，这起事件终结了韩国作为治疗性克隆领域领跑者的神话。

前路漫漫：化为泡影的胚胎干细胞系之梦

从短期来看，韩国科研界的丑闻让治疗性克隆的发展形势急转直下。就在许多科学家开始相信治疗性克隆应用中最关键的难题已经被攻克，接下来该考虑如何进一步提高建立与疾病相关的胚胎干细胞系的技术效率时，他们才发现从来没有人利用克隆胚胎成功建立过任何人类胚胎干细胞系。现有的成果仅仅可以让科学家在体外将胚胎培养到囊胚阶段。黄禹锡的论文犹如黄粱一梦，所有人都从梦里醒来时，才发现一切如旧。

当今胚胎干细胞领域的顶级专家包括英国纽卡斯尔大学的艾莉森·默多克（Alison Murdoch），西班牙费利佩王储研究中心的米奥德拉格·斯托伊科维奇（Miodrag Stojkvic），中国中南大学湘雅医学院的卢光琇，以及许多效力于美国奥卡塔医疗公司的科学家。这些科学家都曾经在人类胚胎克隆领域取得过突破性进展，但是没有一个人或者一支团队成功通过克隆建立过人类胚胎干细胞系。这一领域中致力于从不同角度研究人类胚胎干细胞的科学家，也逐渐将研究的目标对准了治疗性克隆技术的实用化。比如在 2006 年 4 月，全世界有七支科研团队（三支在美国，三支在欧洲，还有一支来自中国）宣布将开展研究，利用克隆胚胎建立人类胚胎干细胞系。

假设这个难题能够被攻克，那么下一个挑战将是如何控制胚胎干细胞定向分化为移植治疗中需要的细胞类型。科学家们在这个方面已经取得了一些进展，他们在人类胚胎干细胞系的培养中观察到了许多相当有治疗潜力的细胞和组织分化现象，也有一些实验专注于探究定向控制细胞分化的技术。但是在绝大多数情况下，要获得单一，或相对单一的某种细胞的技术还不存在，或者说至少还需要进一步改良。以麦凯在小鼠身上做的实验为例，研究人员采用了一种五步法才让干细胞向分化为某种特定神经元的方向稍微偏斜。如果科学家想要把胚胎干细胞用于移植治疗，那么他们就需要为每一种类型的细胞定制对应的分化策略。鉴于摸索一种细胞的分化策略就需要耗费数年时间，那么为每一种细胞量身定制方案的工作量将非同小可。

尽管前路不平坦，但我们也不能说科学家们在通往治疗性克隆的路上止步不前。科学家们不仅掌握了培养小鼠和其他一些动物的胚胎干细胞的技术，也在探索如何培养人类胚胎干细胞的道路上有所斩获。当詹姆斯·汤姆森最初尝试用培养皿培育人类胚胎干细胞时，他在培养皿的底部垫上了一层小鼠的细胞。虽然事后证实这种方式的确有效，但难免会提高人类胚胎干细胞遭到污染的风险。动物源性的传染源，如病毒，有发生跨种族感染的可能性，这让这种培养方式获得的干细胞无法在临床中得到认可。在美国，任何与非人类源性的生物质发生过接触的治疗材料，在获得批准之前都需要符合美国食品药品监督管理局特别颁布的异种移植规范条例。不过科学家现在已经学会如何制备人类源性的滋养层细胞了，包括邦梭和汤姆森领导的团队在内，许多科研团队都实现了这种突破。对于胚胎干细胞，哪怕是对来自克隆胚胎的胚胎干细胞而言，这都是关键性的突破。

章后总结

1. 治疗性克隆是以获得胚胎干细胞为目的的人类胚胎克隆。
2. 干细胞是负责修复身体损伤的维修工，是一群特化、未分化或部分分化的细胞，主要作用是作为成熟细胞的后援军，补充成熟细胞的损耗。
3. 胚胎干细胞是干细胞的一种，只存在于胚胎的内细胞团中，没有经过任何分化，能够发育成为成年生物个体。
4. 一旦人类胚胎干细胞被从还在生长的胚胎中分离出来，在培养基上顺利开始生长，就形成了“人类胚胎干细胞系”。
5. 现今人类胚胎干细胞研究中最常见的胚胎来源是生育治疗中的多余胚胎。动物实验是理论疗法应用于人体实践的必经之路，而大部分胚胎干细胞疗法的实验都是在老鼠身上完成的。

延伸阅读

安·帕森（Ann Parson）的《普罗透斯效应》（*The Proteus Effect*）详细地回顾了干细胞研究的前世今生，文笔通俗易懂、老少咸宜。帕森以编年史的形式记述了早期干细胞研究的历史，关注的焦点不仅是胚胎干细胞，还有各种重要的成体干细胞。彼时成体干细胞研究已经开展多年，在骨髓移植和一些其他治疗中具有重要的地位。

对于那些希望详细了解人类胚胎干细胞在医学中的应用，但是又担心文字太过枯燥的读者而言，我推荐哈佛医学院的安·基斯林教授（Ann Kiessling）与科学作家斯科特·安德森（Scott Anderson）合著的《人类胚胎干细胞医学应用简介》（*Human Embryonic Stem Cells*）。这本书比帕森的《普罗透斯效应》要艰涩一些，不过它完全配得上有心的读者所花的时间。该书的第二版于 2006 年年末面市。

还有一本可供选择的书是克里斯托弗·托马斯·斯科特（Christopher Thomas Scott）的《今日干细胞》（*Stem Cell Now*）。斯科特在书中介绍了与干细胞有关的研究，以及一些相关政策中与伦理学有关的命题。

A BEGINNER'S GUIDE

6 伦理之争：克隆技术支持者与反对者的持久拉锯

什么是生殖性克隆？

克隆技术发展至今，科学家有成功克隆出克隆人吗？

目前大众对利用克隆技术克隆人类持有哪些观点？

尽管我们已经列举了两种克隆技术造福现代社会的可能方式，即今天已经实现的动物克隆和也许不久就会到来的克隆医疗，但围绕克隆技术的争端还是集中在它是否会在某一天被用来克隆人类。迄今为止还没有克隆人出生，或者严格来说，还没有人承认或是确认有类似的出生事件。不过无论是有还是没有，眼下克隆技术的不断进步都正在把创造克隆人的技术门槛无限推向零。

主流的学界科学家对以生殖为目的的克隆几乎持有一致的态度，他们都认为眼下任何这方面的尝试都显得太过激进和冒险。有鉴于此，有关克隆技术的伦理学争论并没有过多涉及生殖性克隆。但是，如果生殖性克隆经过多年改良，其安全性达到与传统生殖方式旗鼓相当，甚至有过之而无不及的地步，围绕它的伦理学争论就会变得微妙起来。主流观点对研究性的医用胚胎克隆（也就是第5章介绍过的治疗性克隆）的态度也非常暧昧。本章中，我们将会探讨克隆人类支持者和反对者两方的观点，并回顾影响这场辩论的主要事件。

迷雾中的克隆人：别有用心者的炒作利器

一直以来，世界范围内从来不乏对克隆技术表现出浓厚兴趣的人或团体，也时不时有人声称克隆了人类，我们暂且不论人类克隆的好与坏，但是这些言论的确在一定程度上影响了公众对于人类生殖性克隆的认知和态度。我在这里不得不提到邪教组织雷尔教派（Raelians）。雷尔教派的创始人是克劳德·佛里伦（Claude Vorilhon）——后改名为雷尔（Rael），教派成立的时间是 1973 年。雷尔声称他建立教派的契机是在法国山区徒步时遇到了几名身高 1.2 米、有着绿色皮肤的地外来客。在多利出生不久之后，雷尔教派就宣布成立克劳耐得公司（Clonaid），公司的主营项目是进行人类克隆。雷尔教教徒信奉人类是外星人在实验室中创造出来的，所以克隆技术是人类获得永生的关键。

克劳耐得公司在 2002 年为雷尔教派赚足了眼球。在这一年，该公司宣称成功完成了世界上首例人类克隆实验，公司将新生的克隆女童命名为夏娃（Eve）。克劳耐得公司的首席科学家布里吉特·布瓦瑟利耶（Brigitte Boisselier）没有在科学期刊上公布这个突然的结果，而是选择在佛罗里达一家酒店召开记者招待会。她在报道中声称，还有 4 名女性也怀上了克隆人类，相关的新闻招致了社会各界的怀疑。克劳耐得承诺，夏娃和她的“母亲”会在两周之内接受由第三方进行的 DNA 指纹图谱检测，质疑的声浪这才稍稍有所缓和。科学家们早就有言在先，除去高昂的失败成本不谈，克隆人类在技术上完全是可行的。而只要接受第三方鉴定机构的调查，到时候新生儿与被克劳耐得公司推到台前的那名 31 岁美国女性到底是什么关系就会大白于天下。在这种情势下，雷尔教派成功克隆人类的消息牢牢吸引了海量社会媒体的注意力。

回过头去看这个事件，当初许多人都不认为它是一则科学新闻，而更像是商业炒作。克劳耐得公司也“很识相”地把发布会的地址定在了佛罗里达州的好莱坞市。直到今天为止，都没有证据显示夏娃是克隆人，甚至都没有证据证明确有其人，一点儿都没有。当时有一名声誉良好的科学记者承诺监督基因学检测的整个过程，以评估克劳耐得公司言论的真伪，不过这件事最后不了了之，不得不让人怀疑整个事件就是个“精心策划的骗局”。公众的质疑还指向了克劳耐得公司的研究设施：虽然雷尔教派对外宣称自己拥有充沛的资金来源，甚至扬言筹措了大约 700 万美元，要为迎接创造人类的外星造物主返回地球修建一座领事馆，但是克劳耐得公司本身看起来完全不像具有运营人体克隆实验室的能力。

克劳耐得公司的科学贡献几乎一文不值，不过它却是雷尔教派最成功的一手公关牌。雷尔在他自费出版的书《对人类克隆说“是”》（*Yes to Human Cloning*）中透露，雷尔教派只花费了大约 3 000 美元就达到了相当于 1 500 万美元的宣传造势效果。不仅如此，他们还先于美国国会和美国国家科学院，在克隆人类方面“拔得头筹”。近些年来，由于公众对克隆人类的恐惧略有缓和，所以克劳耐得公司和雷尔教在人群中的影响力也大不如前，即便如此，该组织还是不断试图从与克隆有关的社会事件中为自己榨取公关价值。以 2006 年年初为例，有传闻称克劳耐得公司将已经失势的韩国前克隆技术领袖黄禹锡纳入了麾下。

除了克劳耐得之外，同样借助克隆人类的话题成功搏出位的人还有理查德·锡德（Richard Seed）。锡德本是一名物理学家，毕业于哈佛大学。1997 年 12 月，在一场围绕克隆人类的法律和伦理问题的讨论会上，锡德在问答环节提出了一个个人设想。1998 年 1 月，锡德在美国公共广播电台的专题节目中详细阐述了自己的设想，他计划发明一种被他称为“人类克隆诊所”（Human Clone Clinic）的设施，那期节目让他一炮而红。曾经在 20 世纪 80 年代，锡德就削尖了脑袋想要挤进与生育有关的行当，而这一次他表示自己正在为创建诊所寻找合适的风投资金，他的第一个目标是为美国国内 5 000~10 000 对在现有生育技术条件下无法受孕的夫妇提供服务。此后，众多科学家站出来公开指责锡德，抨击他不切实际的幻想及漏洞百出的技术，而锡德不断强调，某些崇高的道德缘由迫使他不能放弃。在一期电台采访中，锡德说，那个让他坚持不懈的理由是“克隆和 DNA 重编程技术是追寻上帝的不二法门”。

锡德借着炒作热点话题着实风光了一把。不过可能是因为既没有骗到经费也没有实现抱负的本事，锡德很快在公众的视野里销声匿迹了。传闻中，雷尔曾经在 1998 年年初提出要资助锡德的计划，至于后来克隆界的这两个“巨头”有没有进入实质的谈判阶段就没人知晓了。

最后还有一件值得一提的逸事，相比于前两个，这个故事的主角是科学家出身，消息的来源也更可信。事情发生在 2001 年 1 月，在肯塔基大学生殖生理学系任教，同时在列克星敦市拥有一家生育诊所的帕诺斯 · 扎瓦斯（Panos Zavos），宣布他正在与一位名叫塞韦里诺 · 安蒂诺里（Severino Antinori）的意大利生育门诊大夫合作，两人的目标是克隆人类。扎瓦斯陈述他这样做的出发点，是因为他认为克隆人类的到来是大势所趋，既然如此，与其放任自流，不如让专业的人进场接手。扎瓦斯和安蒂诺里的离经叛道在科学界早就已经出名了。以安蒂诺里为例，他因为在 1994 年利用体外受精技术成功让一位 63 岁的老妪受孕并顺利诞下一名婴儿而在国际上闻名。扎瓦斯和安蒂诺里这两个人对于科学界人士来说并不陌生，不过这也意味着他们能够为完成自己的目标而顶住舆论的压力以及打破医学界长久以来的成见。不仅如此，扎瓦斯和安蒂诺里在科学界的成就——他们都在各自的领域中发表过许多科学论文，也给克隆人时代即将到来的言论平添了许多可信性。

虽然两人的合作只能算是勉勉强强，但是扎瓦斯和安蒂诺里都表示，对方在不遗余力地为克隆人类而努力，两人还会时不时向外界披露研究的进展。2002 年 4 月，新闻媒体挖出消息称，安蒂诺里诊所中一个有八周身孕的妇女，实际上怀的是克隆胚胎。这些报道事后都没有得到证实，后续也没有任何关于孩子的跟进报道。两年后的 2004 年 1 月，扎瓦斯把一个克隆人类胚胎移植到了一名 35 岁的代孕母亲的子宫内，不过仅仅数周之后，他就宣告胚胎移植以失败告终。几个月之后，安蒂诺里又上了报纸头条，他宣称自己知道至少三名克隆婴儿的存在，但是拒绝透露任何支持自己声明的证据或者更进一步的细节。

后来，扎瓦斯把 2004 年为帮助一对不孕不育夫妇而进行的克隆实验的诸多细节公之于众。扎瓦斯在发表的内容中透露，他以从不育的丈夫身上获取的皮肤细胞作为细胞核供体，从妻子体内获得卵细胞，经过去核处理之后将两者融合。三个融合细胞中只有一个发育到了四细胞时期，随后扎瓦斯把它移植到了妻子的子宫内。被移植的克隆胚胎没有能够在子宫内着床，实验宣告失败。

这个世界上可能已经有了隐姓埋名的克隆人。只不过，上面这些人和组织的声明往往缺乏切实的证据，而且他们对媒体曝光率表现出了明显的欲求，由此可以想见，这些声明中没有一个是靠得住的。尽管如此，不成功并不意味着毫无用处，这些事件和当事人深深影响了公众对于克隆技术的认知。雷尔教派创立的克劳耐得公司从 2000 年至今已经在美国大大小小的媒体上出现了将近 50 次，这些媒体中也不乏《新闻周刊》、《美国新闻与世界报道》以及《经济学人》这样著名的杂志。安蒂诺里也一直在追求曝光率，每当有关他的报道出现，比如 2006 年年初，有媒体报道他参与了让一名 63 岁的英国老妪怀孕的治疗，他当年提出要克隆人类的豪言壮语就会被媒体挖出来。

这些出现在媒体上的虚张声势之所以能够吸引如此多的关注，究其原因是科学家们始终相信人类克隆本质上只是一个数字游戏。只要能够招募到足够数量、自愿为实验贡献卵子和子宫的女性，再有一群经费充足、废寝忘食的科学家，克隆人类就基本上是板上钉钉的事，虽然这肯定不是一条平坦的康庄大道。没有人知道雷尔教派是不是真的克隆了人类。多数人并不相信该教派的鬼话，但是只要类似的组织依旧存在并春风得意，它们的背后就会有数量可观、被组织头目蛊惑的信众追随，随时准备为教派“赴汤蹈火，在所不辞”。它们也会有足够的资金雇用为了追名逐利，弃道义良知而不顾的疯子科学家。只要这种情形一直持续，克隆人总有一天会降生。

反对者的声浪：安全性远未达标

除了上面提到的，以及一些在暗地里希望进行人类克隆的人之外，几乎所有的科学家、生物伦理学家和政策制定者在面对人类生殖性克隆时都持有一致的态度，他们认为这是当前人类不应当涉足的领域。这条共识的缘起既是出于对克隆技术安全性的忧虑，也是因为该技术已经具备了克隆人类的潜力。如果动物实验中的结果能够直接应用于人类，那么可以想见，在克隆人类的过程中，许多克隆胚胎都将会出现畸形发育和自发性流产状况。（当然，这在自然生殖中也会出现，大约有一半的胚胎无法着床，许多胚胎即使顺利着床也会发生自发性流产。）更让许多观察者担心的是，不少克隆胚胎能够发育甚至成熟，但是它们在分娩后往往带有极大的严重发育缺陷。在美国和其他发达国家，大约有 3% 的新生儿先天带有严重的出生缺陷，而在通过克隆技术生产的人类婴儿中，这个比例很可能会更高。

动物克隆实验能够把克隆技术的安全性提高到何种程度暂时还没有定论。有人认为克隆技术的风险无法被完全消除，上述有关克隆的担忧也会永远存在。小布什总统有一个私人智囊团，专门为他提供生物伦理学方面的建议。这个智囊团的成员曾经有过一次表态，他们认为当今的人类生殖克隆技术仍没有达到一定的安全标准，而验证其安全性的人体实验本身又是有违伦理的，所以“不管是现在还是将来，我们都无法在符合伦理的情况下提高并检验人类克隆技术的安全性”。

许多科学家都拒绝接受智囊团的观点，并愿意在动物实验中继续改良克隆技术，直到它达到能够在人类身上应用的安全标准。双方意见相悖，但是如果回顾分子生物学的指数型发展轨迹，他们好像又都没错。DNA 结构被阐明 60 年后，分子生物学在各个领域内大放光彩的情况是当初的科学家们始料未及的。科学家以及其他“未卜先知”的人素来都习惯于高估一项新技术给行业带来的短期冲击，却又常常低估该技术带来的长远变革。就在基因工程技术及人类基因组等概念问世之前，还有声名显赫的科学家断言，这些技术本身不是“很难”，而是“根本不可能实现”。但事实上，许多技术突破毫无征兆地出现在了历史的长河里。既然有例子在先，那么那些坚称“人类克隆技术永远达不到安全标准”的人是不是应当再思考一下？

克隆技术将来会如何还没有定数，而当下已经有人对这种技术在人类身上的应用蠢蠢欲动了。公众关心的是，如果克隆技术的安全性有了显著的提升，那是否意味着人类生殖性克隆就能够被允许了。对此，我们能够认同的是：这是一块没有规则的灰色地带。当人们把支持和反对生殖性克隆的理由摆在一起时，几乎所有人都不得不承认，这是一场新奇而有趣的伦理学辩论，每个人心中都有自己认可的答案。对于生殖性克隆，我们知道更多的不是不能拿它来做什么，而是不清楚能拿它来干什么。

生殖性克隆的应用场景：辅助生育、找回亲人及器官移植

在加入这场辩论之前，我们先来看几个场景，有人相信生殖性克隆在这些情形中的应用是恰当的。以下场景包罗万象，许多人类生殖性克隆技术的拥护者认为，克隆技术在这些状况下能够找到自己的舞台。

生殖性克隆的第一种应用情况是应对不孕不育。人类生殖性克隆常常有意无意地被冠以“现有辅助生殖技术的后备军”的名号。体外受精及与之相关的技术能够实现大多数夫妇想要一个与双方都有血缘关

系的孩子的愿望，但并不是所有不孕不育的问题都可以通过这种方式解决。想象一下，有一个丈夫，因为睾丸癌或者其他原因不能产生精子，即使体外受精技术在某一天发展到只需要一个精子就足够的水平，对于这位丈夫而言也于事无补。当前应对这种情况的方法是使用捐献的精子，但这也就意味着这对夫妇的孩子将来与父亲没有任何血缘关系。在这种情况下，这对夫妇就有可能会考虑克隆：由妻子提供卵子，并由不育的丈夫提供体细胞。克隆的孩子——虽然更确切来说应该是“迟于丈夫出生”的双胞胎弟弟，体内拥有母亲的线粒体 DNA，在这种角度上来说，他或者她同样是父母“结合”的后代。帕诺斯·扎瓦斯在他 2004 年发表的科研报告中试图做的，就是这个假想情景里的事。

生殖性克隆应用的第二个情景是补救夭折的幼童。这个情况的支持者认为克隆早夭的幼童能够帮助他们的父母抚平失去至亲的伤痛。其实为了达到同样的目的，对于遭遇不幸的夫妇们来说，更简单的方式是通过传统的生育方式再要一个孩子，不过出于这样或者那样的原因，也许有人会更愿意求助克隆技术。比如某对夫妇在失去孩子之后无法再生育：有的女性为了弥补基因中天生具有的生殖系统癌症易感性，当初选择了主动切除自己的卵巢。对于处在这种情景里的夫妇而言，克隆很可能是唯一能够帮助他们再次获得子嗣的方式。

第三种情况是一对夫妇的孩子得了某种虽然严重，但还能够救治的疾病。有人认为如果治疗中涉及组织器官的移植，而通过牺牲克隆体能够拯救眼前的孩子，那么在这种情形下生殖性克隆也是能够被接受的选择。我们设想一下这样的场景，一个小男孩不幸患上了一种罕见的血液系统疾病，急需和他配型合适的骨髓进行移植。小男孩的父母可以考虑再生一个孩子作为骨髓捐献者，但是在自然受孕的情况下，两个孩子配型合适的机会非常渺茫。这个时候，克隆完全可以解决配型的问题。在这对夫妇的眼里，既然再要一个孩子的目的都是为了拯救眼前的孩子，那么克隆无疑是最优的选择。

生殖性克隆也为非传统性取向而又想要延续血脉的人提供了一种可能的解决方式。有人认为单身女性以后可以通过选择克隆而不是捐献精子的方式获得孩子；还有人提出克隆能够用于满足同性恋者的生育需要。这种设想对于女性同性恋人群来说非常有用，因为恋人双方都能够胜任并分摊卵子捐献、体细胞捐献及代孕的任务。而男性同性恋则需要再花力气寻找卵子的捐献者和代孕母亲。

支持者的声浪：生育自主，公众福祉

上面提到的都是经过简化的场景，以举例说明在类似的情况下，有一部分人认为能够接受人类生殖性克隆技术所带来的伦理冲击。当然不是所有人都接受这样的论调。有人可能赞同其中的一个或者两个例子，也有人完全不接受任何例子。赞同上面提到的这些情景以及其他没有提到的情况，还有包括人身自由权、生育权以及开放的科研自由权在内的一些基本人权的人，都支持人类生殖性克隆不应当被明令禁止的主张。总的来说，赞同所有这些情形和基本的人权的人都无意鼓励以生殖为目的的克隆行为，而只是强调，人类生殖性克隆不应该被武断地禁止。

在许多民主国家中，人身自由权代表了呼吁政府以及其他权威机构尽量减少对个人活动的干涉的心声。常言道："一样米养百样人。"呼吁个人自由的观点通常认为，对于国家和社会长远的福祉而言，营造和保持尽量开放和包容的环境，让个人拥有最大的自主选择权才是最佳的选择。这种观点当然也有它的缺陷，比如哪怕有些人天性凶狠残暴、嗜血成性，但是直到今天也没有哪个国家因此就立法容许杀人。当然，无论怎么说，人类的生殖性克隆和杀人这种罪行都不能相提并论，支持克隆技术的人们认为，既然眼下没有明确的证据证明克隆会对人体造成严重危害，那么针对该技术的取舍权就应当交给个人，而不是由政府进行决策。

也有克隆技术的支持者提出，既然克隆是一种特殊的生殖技术，那么它理应属于避免受到政府干涉，同时需要政府提供保护的隐私活动的范畴。"自主生育权"的概念在美国的受众中尤为广泛，因为美国最高法院白纸黑字地表态过："无论婚否，个人生育的意志不受政府任何形式的干涉，隐私权即人身自由权。"美国国内有不少夫妇只能指望通过克隆延续他们的血脉，如果政府明令禁止生殖性克隆，就相当于政府以"某种形式"强行"干涉"了个人生育的意愿。由于美国最高法院有言在先，所以在许多法学家的眼里，政府禁止生殖性克隆的行为以及美国国内长久以来支持禁令的声音全部都有违宪的嫌疑。美国最高法院的这段话定义了何为"自主生育权"，因为落笔的时间早于体外受精技术出现的时间，所以它没有能够考量个人借助辅助生育技术的情况也就显得情有可原了。不过如果有人辩称，自主生育权涵盖的范围理应包含传统生育方式以及将来的任何可供个人选择的生育技术，那么事实上也应该有这样的周旋余地。

科学探索通常有利于增进公众的福祉，有人曾经提出了科学探索行为不应当受到任何干涉的原则，并呼吁无限扩大科学探索的自由度。如果人类生殖性克隆技术也属于科学探索的范畴，那么根据这个原则，克隆人类的研究理应得到应允。根据过去数个世纪的经验，不受限制的科学研究往往能够给社会带来难以想象而又相对积极的巨大福利，科研自由权的概念正是在这个基础上应运而生的。以史为镜，再加上眼前没有足够的驳斥理由，公众往往会倾向于成为某个科研项目的支持者，反对外来的横加干涉。尽管如此，虽说科学研究在许多国家是相对而言最为自由开放的行当，但它不能成为绝对自由滋生的乐土。美国历史上臭名昭著的塔斯基吉梅毒研究[①]，英美两国国内连年发表的可疑论文，这些血泪是推动英美以及许多其他国家致力完善科研监督体系、保护参与科学研究的被试的根本原因。

克隆人的困扰：身份认同、家庭观念、物化人性及优生主义

反对克隆人类者的矛头直指那些希望借该技术成为父母的人群以及上面提到的几项基本人权。不过由于没有人真的成功克隆过人类，而克隆动物也没法告诉我们它们的感受，所以反对者的多数理由都建立在换位思考的基础上。换句话说，他们通常是先假设这个世界上真的有了克隆人，然后由生物伦理学家揣测克隆人的感受以及他们可能给现代世界带来的冲击。反对者关注的焦点涉及了许多方面，包括克隆人对个人身份的认同障碍、克隆人给家庭概念带来的负面冲击、对克隆技术物化人性的隐忧以及优生主义的抬头。

① 这是在1932—1972年由美国公共卫生署牵头的科研项目。实验的内容是在400名非洲裔被试不知情的情况下观察梅毒的自然发展过程。研究人员没有告知被试，也没有在青霉素疗法被证实有效后及时帮助被试进行治疗。——译者注

反对者的第一个问题是担心克隆人对自身遗传学身份认同的缺失。人们担心克隆人会被频繁地拿来与他们遗传学上的本尊进行比较，这种比较所催生的不切实际的期望会让克隆人深受其扰。更有甚者，克隆人可能会萌发自己的存在毫无意义的虚妄想法。同时，克隆技术也有违背被伦理学家们称为“吾命由我”的原则的嫌疑。不过对于具有相同遗传学身份的双胞胎而言，这方面的担忧却并不存在，因为双胞胎的人生总是同时展开的，他们或者她们可以各自选择自己想要的生活，而不必活在对方的阴影里。

但在克隆人的情况里，克隆本尊往往更为年长，在人生路上行进的距离也更远，姗姗来迟的克隆人永远逃不过本尊投下的影子。有批评者指出，这种观点不过是廉价的基因决定论的一种变体而已。基因的确很重要，但没有重要到能够决定人生的一切。双胞胎尽管在许多方面很相似，但在另一些方面却有着惊人的差异，这种现象在针对双胞胎的研究中屡见不鲜。如果说在同一个子宫和同一个家庭中长大的双胞胎尚且有明显的区别，那么作为多年之后在不同子宫中发育出生的克隆人，与他或她的本尊大相径庭也就算不上什么奇闻逸事了。

对传统家庭观念的负面冲击是第二个让生殖性克隆的反对者们担忧的问题。比如，一对不孕不育的夫妇选择通过克隆丈夫的方式生一个男孩，那么从遗传学上来说，这个家庭就乱了套了。就遗传关系而言，这个家庭的父亲是儿子的双胞胎哥哥，而父亲的父母——表面上来说是孩子的祖父母，实际上是孩子遗传学上的父母。对于母亲而言，虽然她十月怀胎生下了自己的儿子，但她和儿子的血缘关系几乎可以忽略不计。我们还无法弄清这种特殊的家庭关系到底会有什么影响，不过有人认为克隆后代与双亲之一的单方面亲缘关系会让家庭趋于碎片化，降低传统家庭单位的稳定性。而在某些方面，克隆给家庭带来的冲击可能就没有那么明显了。克隆已有的孩子以替代早夭的子嗣或者为患病的孩子寻找配型合适的组织器官，这些是现有的家庭结构所能够承受的：克隆的孩子可以被视为本尊的弟弟或者妹妹，现有的亲子关系对于接纳这样的家庭新成员来说没有太大的问题。

不过人类家庭结构的弹性有目共睹，或许现实中克隆人对家庭观念的颠覆并不如反对者想象的那么严重。克隆从来不是给家庭结构和观念带来冲击的唯一来源，高端生育技术，如体外受精等，基本都会涉及卵子捐献、代孕；其他情形，譬如离异或者领养，都会让当事家庭严重偏离传统家庭的格局。我们有理由相信大多数夫妇都会希望组建一个传统的家庭，只是有的时候的确力有不逮。但不管是在这里列举的哪一种家庭里，抑或是在更多没有提及的家庭里，应该都不乏茁壮成长的孩子和坚实牢固的家庭关系。

第三个问题源于父母能够在克隆过程中决定后代的整个基因组，有些批评者认为，这为物化人性打开了一扇危险的大门。父母可以不再把孩子的降生当成上天的恩赐，可以不用耗费过多的时间和精力在孩子的成长过程中慢慢发掘他们的潜力，他们要做的仅仅是像定制商品一样向自己的孩子投以物化的眼光。反对者担心克隆技术会把社会观念推向一个极端，让“养育”被曲解为“繁殖”。通过体细胞核移植量产的克隆人也许会在通过传统精卵结合降生的人面前被看低，如同所有量产的商品那样被人轻视。即便一开始这种物化的倾向不明显，克隆也有办法让它加剧。人类生殖性克隆的投产会让人类基因工程技术的大门洞开（还记得克隆多利的科学家吗？他的本意是想要寻找一种高效的方式量产转基因奶牛。），而基因工程技术会让物化人类的观念深入人心。为孩子精心挑选基因的家长势必会对后代有过高的期望，而当他们的期望没能被满足时，对于量产技术，甚至是对孩子本人的失望之情恐怕会溢于言表。

也有人站出来表示这种担忧是没有必要的。现在基因筛查已经司空见惯，也没有人会认为接受过移植前基因诊断（在体外受精中用来筛查某些特定遗传特征的技术）的人就低人一等，或者应当被歧视。父母们很可能会把克隆当作最后的救命稻草，他们会为了来之不易的孩子感到欣喜若狂，而不是为他们不能满足自己的虚荣心而垂头丧气。就连很多生殖性克隆的支持者也不得不承认，较传统方式出生的孩子而言，克隆后代会背负更多的期望，只是这些期望通常既不新鲜，也没必要过分担忧。几乎所有的父母都对自己的孩子怀有期许，他们舍得豪掷数千美元送孩子上私立学校、学习音乐，帮助孩子去实现形形色色的愿望，但绝大多数父母都不至于在孩子辜负了他们的期许之后就心灰意冷。想必克隆人的父母在这方面也不会异于常人。

上面的隐忧都是针对克隆人个体的，如果克隆技术被大范围推广，有人担心新一轮的优生主义将会到来。优生学的定义可以简单概括为：出于提高人种质量的目的而进行选择性生育。虽然优生学的起源可以一直追溯到古希腊时代，但是优生主义直到19世纪末才真正开始盛行于西方世界。当时，达尔文的表弟弗朗西斯·高尔顿作为主要的推手，试图把达尔文的自然选择学说推广和应用到人类生育中。20世纪初，美国国内刮起了优生主义的风潮，建立在对人类基因歪曲理解基础上的优生政策导致大约 6 万人被强制节育。而把优生主义的罪恶推向高潮的，无疑是纳粹德国在第二次世界大战期间发起的种族清洗行动。

人们对于优生主义的恐慌来自两个方面，一是来自对克隆技术的误解。好莱坞电影让人们误以为这个世界上真的可能有偷偷训练量产克隆士兵的秘密军事基地，乃至有由同一个人的成百上千的克隆体经营的工厂。二是公众对于政府职能的误解。任何与优生主义挂钩的政策在落实的时候都少不了政府通过行政手段强制执行，而在现今的大多数西方发达国家，甚至都没有人胆敢当众宣扬施行人口控制的政策，遑论优生主义。

那些顾虑优生主义借由克隆技术复苏的人所担心的，其实并不是像过去那样由政府层面推行的强制政策。他们真正担心的是个体选择引发的优生主义抬头。反对者假设的前提，是克隆技术让基因工程技术在人体上的应用变得更为简便。如果这个假设成立，那么随着时间的推移，受到人们青睐的遗传特征在新生儿中会变得越来越普遍，而不受待见的遗传特征也会因为同样的原因越来越少见。这种情况当然是完全可能的。不过，即便克隆技术被大规模推广，每个人对于遗传特征的偏好也不尽相同。如果父母为后代挑选基因的衡量标准千变万化，那么克隆人的外表和禀性自然也会各不相同。

和而不同：拉锯战中的不断摸索

除了对于人类生殖性克隆安全性的看法之外，很难说人们对于这种还处于襁褓中的技术的哪个方面能做到意见一致。科学机构在发布有关人类生殖性克隆的报告时，总是选择把注意力放在该技术对人体健康的影响上，它们几乎无一例外地对未来因为技术安全性和效率提升，克隆人降生进而引发的巨大伦理问题避而不谈。与此同时，不同的伦理审查委员会之间对于克隆的看法也常常南辕北辙。

尽管相关研究正在如火如荼地继续，英国皇家学会（Royal Society）仍然呼吁基于安全方面的考量，在除了前沿科学之外的领域内抵制人类生殖性克隆。为此，英国皇家学会特意发表了一系列声明。如果克隆研究势在必行，他们希望这份声明能够作为引导研究进程的大纲，在克隆技术被鼓吹得天花乱坠时，让某些类似雷尔教派那样的团体放出的别有用心的舆论不至于甚嚣尘上。在美国，与英国皇家学会地位相当的美国国家科学院也发布了一份报告，并将其作为人类生殖性克隆科学和医学层面的应用指南。美国国家科学院的这份报告同样基于安全性考虑否决了人类生殖性克隆，不过在此基础上，它号召在未来 5 年内对该技术进行一次全面的梳理和检验，重新整理和分析动物实验的数据以确认否决的合理性。美国国家科学院的报告呼吁针对技术安全层面进行更大规模的意见交换，但是对于伦理层面的问题选择了有意回避，通篇报告对这方面的内容只字未提。

第一个对人类生殖性克隆技术的伦理问题作出表态的是美国国家生物伦理委员会。这个委员会的成员形形色色，包括前沿领域的科学家、临床医师及专业的生物伦理学家。委员会的主席是经济学家哈罗德·夏皮罗（Harold Shapiro），他曾先后担任过密歇根大学和普林斯顿大学的校长。美国国家生物伦理委员会成立的初衷是作为克林顿总统的智囊团，针对生命科学领域牵涉的伦理问题为总统献计献策。委员会在1997年2月发布了他们的声明，当时距离多利的降生仅仅过去数月，声明中呼吁政府延迟批准所有与人类生殖性克隆相关的研究，无论涉及的是公共职能部门还是私人企业。虽然委员会内部对于克隆技术的伦理问题有诸多讨论，但是最后让他们给出这份声明的动因，更多是基于对显而易见的安全问题的忌惮，而非在伦理方面的顾虑。与该声明一同被送交到克林顿总统手中的还有一封信。

> 在面对通过体细胞核移植技术克隆人类的可能性时，委员会成员发现这项技术涉及科学、宗教、法律和伦理等诸多问题，其中一些是老调重弹，一些则是闻所未闻，都相当复杂而棘手，以至于委员会内部的成员之间尚无法在当下就围绕克隆人类的所有伦理问题达成一致。

随后，老布什在当选总统之后组建了自己的伦理委员会——总统生物伦理委员会（President's Council on Bioethics），新的委员会为总统提出了完全不同的建议。当时，伦理委员会的新任主席是以保守著称的生物伦理学家里昂·卡斯（Leon Kass），他在综合了支持和反对人类生殖性克隆技术的观点后，做出了自己的裁定："本委员会认定用于生育儿童的克隆行为（cloning to produce children）不仅存在安全风险，而且有违伦理道德，任何人类克隆都不应当被允许。"卡斯决绝的声明掩盖了委员会内部其他对于伦理问题的不同见解，相异的观点和态度被记录在委员会最终报告的一份附件里。虽然附件里汇总的是有关人类生殖性克隆各类伦理学问题的隐忧，但是"委员会成员对不同问题应当占有多大的道德权重各怀己见”。

从全世界范围内来看，数不胜数的伦理学组织和团体都曾呼吁过对人类生殖性克隆技术明令禁止，但是他们的理由往往千差万别。法国国家健康与生命科学伦理咨询委员会已经否决了人类生殖性克隆，并声称是出于安全和道德的考虑。在考量了所有认为应当允许克隆的说法之后，委员会给出了结论。

> 在充分考量各方观点之后，我们认为显然还没有一种克隆人类的方式——无论是克隆成年人还是克隆胚胎，可以称得上真正的安全，与之相悖的结论倒是比比皆是。基于以上所说的所有原因，人类克隆技术一旦成为现实，必将引发激烈、广泛和严重的伦理学危机。

相比之下，以色列的生物伦理学家们在参照犹太教教义的基础上，对人类生殖性克隆采取了更宽容的态度，他们认为该技术已然纯熟和足够安全。以色列科学与人文学院生物伦理委员会的主席米歇尔·勒维（Michel Revel）曾经写到，在安全性和成功率得到保证的前提下，人类生殖性克隆也许能够在一些确证的应用医疗领域得到批准，如用于解决某些只能求助于克隆的不孕症。生殖性克隆一般情况下不得用于非治疗目的，例如用来复活已经去世的成年人，或者帮助同性伴侣繁衍后代。

不同国家的伦理委员会针对人类生殖性克隆提出的主张不一而同，尽管上面只列举了几个国家各自达成的结论，但是不难从中窥见这个问题的复杂性。各国专业的伦理委员会在假设克隆技术相对安全的前提下，依旧对人类生殖性克隆技术的合理性不置可否，所以如果把这个问题丢给科学家，也就显得过于苛责了。科学家暂时还无法解决克隆人类的安全问题，不过，这也为有关克隆的讨论和辩证留出了喘息的时间。当科学家们在动物身上继续着克隆研究的同时，全世界各国政府得以就该技术的伦理问题进行广泛和全面的探讨，希望能够在不迟于克隆人出生的时间点上对这种技术达成一定程度的共识。

不同社会团体对于生殖性克隆的信念和态度往往千差万别，当今世界上也不乏为了求诸先进辅助生殖技术而不惜远渡重洋的个人，这些都给管理人类生殖性克隆技术增添了难度。在主流社会对克隆技术的应用达成共识之前，第一个克隆人也许就会因为技术的提前成熟而到来；或者即便共识先到一步，局部地区的行政管理欠缺也照样会导致克隆人的意外降生，于是国家公共政策就不得不被克隆人的出生牵着鼻子走，被迫进行相应的推进和更新，同样的情形曾经在 1978 年世界上首例试管婴儿出生后上演过。

定义人的起点：影响态度的关键节点

相比于人类生殖性克隆，治疗性克隆和人类胚胎干细胞研究引出的伦理学问题要清晰得多，但是这并不意味着它们引发的争论就比生殖性克隆少。研究人类胚胎干细胞和治疗性克隆的科学家都有一个崇高的目标，就是借此减轻人类所受的病痛。让人类胚胎干细胞研究蒙受非议的不是它的终极目标，而是实现这个目标的方式。在前文中我们已经看到，科学家为了实现治疗性克隆的终极目标，研究中动用了胎龄在子宫着床前的人类胚胎。尽管这些胚胎被捐献的目的正是用于类似的实验研究，但如果在违背捐献者意愿的情况下被移植到人类的子宫内，就很有可能继续发育并最终成长为婴儿。无论人们这么做的概率有多小，成功的可能性都是存在的，治疗性克隆最大的伦理学难题也正是在此：本有机会发育成一个新生命的胚胎，到底应不应该被用于换取另一个生命的健康呢？

这个难题和大多数伦理问题一样，往往很难说有什么定论。问题的核心，是不同的人对于“人”的定义的分歧：人类胚胎是否能被称为“人”并享有相应的伦理地位？通常，当我们认同一个个体或者一个团体中每个成员的意愿、需求和权益应当受到决策制定者的重视时，我们才会承认对方作为“人”的伦理地位。几乎所有人都会认同一个健康的孩子所享有的个体身份和伦理地位：没有人敢公开说为了一己私欲而伤害孩子是天经地义的事。但又几乎没有人会说伤害一个人类的皮肤细胞或者未受精的卵细胞应当被“天打雷劈”。在人类个体和单个细胞之间横亘着巨大的灰色地带，而其中最微妙的时期莫过于从受精卵形成之后到个体出生之前。有人坚信受精卵一旦形成，只要有合适的环境就可以发育为独立的个体，所以它应当被视为单独的生命，与能够呼吸的人享有一样的身份认同。也有人对此无法苟同，他们认为胚胎还不足以获得身份认同，除非它能够发育到更后期的阶段。

很多人试图从各自的宗教信仰中寻找解答这个问题的启示。基于这个原因，我们可以看看全世界的几个主要宗教对于人类胚胎干细胞研究的看法。不过，面对如此具有争议性的命题，不同的宗教乃至同一个宗教的内部都毫无意外地陷入了争论之中。

基督教中不同的分支对人类胚胎干细胞和治疗性克隆的看法截然不同。天主教的神学家们几乎无一例外地反对胚胎研究，他们普遍认同从人类胚胎诞生的那一刻起，它就应该被当作人来看待，并享有与所有世人相同的权利。天主教的观点与其历来在堕胎问题上的立场相一致，但从历史上来看却不尽如此。从圣·奥古斯丁（Saint Augustine）[①]时期到19世纪晚期，天主教的官方教义一直坚称没有人形的胚胎是没有灵魂的。鉴于这段历史，倘若当时就有胚胎研究，甚至于治疗性克隆，天主教对它们的看法可要比今天豁达得多。东正教的观点与天主教一脉相承，它们都极力排斥人类胚胎研究。与之相比，新教的某些观点则要宽容得多。以联合基督教会（The United Church Christ）为例，其对研究14天以内的人类胚胎的实验持支持态度。

大多数犹太人的宗教都支持人类胚胎研究。犹太教通常只有在胚胎发育超过40天的时候才把胚胎当作个体看待。对于从囊胚提取人类胚胎干细胞系并用于治疗性克隆研究而言，40天的时间窗口绰绰有余。此外，犹太教非常看重拯救苍生。在这种教条的指引下，有些信奉犹太教的学者认为，看在人类胚胎干细胞研究前景光明的份儿上，哪怕需要牺牲发育早期的胚胎也在所不辞。持有相似观点的还有伊斯兰教，许多穆斯林学者和宗教领袖都认同用早期发育胚胎建立人类胚胎干细胞系。曾经有一位穆斯林学者向美国国家生物伦理委员会呈交过一份声明，他在声明里将伊斯兰教各派的观点总结为：“只有在发育晚期，胚胎初具人形，并表现出可见的肢体运动时，才能被赋予人的身份和权利。”伊斯兰教的观点颇具实用性，最好的证明就是伊朗在2003年

① 古罗马时期的天主教思想家。——译者注

成功分离和建立了人类胚胎干细胞系。

佛教学者的观点与之截然相反，他们对胚胎干细胞研究通常不以为意。有一些人以研究结果作为评判标准：他们认为只有意在提高人类健康水平的研究才应该被允许，否则就应当被禁止。还有一些佛教信徒提出，无论结果如何，所有胚胎研究都应该被划为禁忌，因为佛教五大戒律的第一条就明令禁止屠害生灵[①]。

胚胎干细胞研究和治疗性克隆颇具争议的伦理学焦点在于，发育中的胚胎从何时开始能够被界定为“人”，上述各大宗教的教义已然影响和涵盖了绝大多数人的观点。相信人类始于受精卵的人多半会反对胚胎研究，其他人会选择发育中更靠后的时期作为分水岭，比如胚胎着床、神经系统开始发育、胎儿首次出现肉眼可见的运动乃至出生，这些把获得“个体”身份的时间点向后靠的人，往往更倾向于支持胚胎研究。

卵子风波：资源稀缺带来的多样风险

围绕人类治疗性克隆的另一个争议是相关研究需要使用人类的卵子。把成体细胞的遗传物质转移到去核卵细胞中是治疗性克隆的必要步骤，所以每次实验都需要消耗卵细胞。通常情况下，人类卵细胞的来源非常有限，因此也就成了治疗性克隆研究的短板。卵细胞通常需要靠外科手段从接受促排卵治疗的女性身上获取。手术的过程会让患者非常不适，术后还可能产生副作用，比如卵巢过度刺激综合征（ovarian hyperstimulation syndrome），主要病症是胸腔、腹腔积水以及卵巢增大。

① 佛教五大戒律：不杀生，不偷盗，不淫邪，不妄语，不饮酒。——译者注

虽然多数情况下并不严重，但是卵巢过度刺激综合征偶尔也会成为术后致命的并发症。

一旦治疗性克隆研究获得批准，对人类卵细胞的需求势必水涨船高，生物伦理学家担心，科学家们在这种情况下会为了获取实验所需的卵细胞铤而走险。滥用职权是我们所担心的情况之一，典型的例子如早先韩国科研界的丑闻。正常情况下，由实验室资历较低的成员，如研究生、博士后或后勤人员捐献卵子的做法被认为是不恰当的。即便有科研人员出于推动科学发展的大义，心甘情愿地捐献卵子，滥用职权的风险依旧很高，乃至无可避免。理论上来说，这样的风险可以通过限制卵子捐献者的身份进行控制，但无论是现代科学行业的巨大压力，还是实验室之间为发表关键研究开展的速度竞赛，都难以避免各种旁门左道。另一个相关的担忧是捐献者是否能够充分了解捐献卵子的健康风险。解决这个问题的办法是知会捐献者，在术前告知她们研究的内容、手术可能带来的风险等，进而获取参与者的知情同意。尽管如此，风险告知的效果也不尽如人意。

还有一个潜在的顾虑是补偿问题。在美国国内，用于体外受精目的的卵子捐献可以得到经济上的补偿，伦理学家们担心高额的补偿金会让妇女出于违背本人意愿的目的参与卵子捐献。大多数国家都提出，为胚胎干细胞研究捐献卵子的行为不应该得到任何额外的经济补偿（合理的补偿包括与手术过程直接相关的医疗费用），不过一旦捐献者寥寥无几，难免会有人愿意偷偷为捐献者支付高额奖励，现实的例子如韩国国内为卵子的捐献者支付报酬。我们现在还不知道为治疗性克隆研究招募卵子捐献者有多困难。但是可以预见，当研究进入白热化，卵子日渐稀缺，这些伦理上的担忧很快就会进入公众的视野。

章后总结

1. 生殖性克隆是指出于生殖目的使用克隆技术在实验室制造人类胚胎，然后将胚胎置入人体子宫发育成胎儿或婴儿的过程。
2. 2003 年，克劳耐得公司宣称成功完成了世界上首例人类克隆实验，并将新生的克隆女童命名为“夏娃”。但到今天为止，都没有证据表明“夏娃”是克隆人，甚至都没有证据表明确有其人。
3. 世界上完全有可能已经有了隐姓埋名的克隆人，而已经声明成功克隆人的科学家和组织往往缺乏足够、切实的证据。这些事件和当事人深深影响了公众对于克隆技术的认知。
4. 反对人类克隆的人认为，生殖性克隆是人类不该涉足的领域，主要理由是克隆技术的安全性没有定数，同时克隆人的身份认同障碍、克隆人对家庭观念造成的冲击、对克隆技术物化人性的隐忧和优生主义的抬头等，都是摆在我们面前的主要障碍。
5. 支持人类克隆的人认为，人类生殖性克隆不应该被武断地禁止。作为一种生殖技术，克隆理应免受政府干涉，同时需要政府提供隐私保护。

延伸阅读

希望进一步了解人类生殖性克隆以及支持和反对该技术的观点的读者可以有许多选择。李·希尔弗的《再造亚当》(*Remaking Eden*)呈现了许多克隆以及其他生殖技术带来的潜在冲击，涉及日常生活的方方面面，但也难逃危言耸听之嫌。

生物伦理学家格雷戈里·彭斯(Gregory Pence)在他出版的《多利后时代的克隆》(*Cloning after Dolly*)中对人类生殖性克隆不吝褒奖，里面列举了很多支持该技术的理由。

支持和反对双方的针锋相对收录在《生命、自由与尊严的捍卫》(*Life, Liberty and the Defense of Dignity*)里，这本书的作者是里昂·卡斯，他在2001—2005年担任总统生物伦理委员会的主席。

如果想深入了解支持和反对人类克隆技术的具体观点，可以参见两份由美国两大生物伦理委员会出具的针对该技术的报告。第一份报告题为《克隆人类》(*Cloning Human Beings*)，由美国国家生物伦理委员会(National Bioethics Advisory Commission)在1997年发布，这份报告只有人类克隆技术这一个关注点。第二份报告是由总统生物伦理委员会在2002年公布的《人类克隆与尊严》(*Human Cloning and Human Dignity*)，报告中探讨的范围兼顾了人类生殖性和治疗性克隆。

人类克隆技术的科学背景，以及该技术的安全性在得到保障之前需要克服的难题可以在《人类生殖性克隆的科学和医学意义》

（*Scientific and Medical Aspects of Human Reproductive Cloning*）中找到。

还有人可能对不同历史时期围绕胚胎和人类胚胎干细胞的研究争议的变迁感兴趣，对此可以参阅简·梅恩沙因（Jane Maienschein）的《谁的人生观》（*Whose View of Life*），这本书对你们来说可能是无价之宝。

A BEGINNER'S GUIDE

7 风雨飘摇：在政策的夹缝中顽强生存

面对克隆技术引起的伦理学纷争，各国政府采取了什么样的调控政策？

政策调控克隆技术的分水岭是什么？

克隆技术的知识产权保护现状是怎样的？

多变的政策环境会对克隆技术的发展造成怎样的影响？

有没有什么办法真正解决和绕开由克隆引发的伦理学争端？

任何新兴技术的前方都不会是一条坦途，由于各种各样的原因，克隆技术的未来尤其扑朔迷离。导致这种情形的部分原因是老生常谈的伦理学争议。来自不同国家的政客，甚至同一个国家内的不同州之间都在克隆技术的伦理争论上持有不同的见解，相应的管控政策也南辕北辙。分裂的政策对克隆技术领域的影响难以预测。

克隆技术的商业化应用也不是一帆风顺的。从核移植技术到人类胚胎干细胞系建立的各种技术细节与专利，都由多个私人公司或为数众多的学者和科学家掌握。法院如何甄别这些专利权，以及不同国家对技术专利的批准和驳回的标准都会对克隆技术的发展造成深远的影响，其中包括克隆动物的商业化和基于治疗性克隆研究的医疗技术。

关于各个领域的不确定性对克隆到底会产生怎样的影响这个问题一直鲜少有人问津。有人声称在邻国推行较为宽松的包容政策的情况下，本国国内针对治疗性克隆和人类胚胎干细胞系研究异常严苛的政策正在严重阻碍克隆技术的发展。在拥有强大科研社区的国家，如此保守的限令无异于牵马绳和绊脚石。政策的差别还会诱使科学家从政策高压区向低压区迁徙，关闭和重新建立实验室会耽误他们的研究进度。同样的原因也适用于私人企业，他们往往需要花费大量时间寻求政策相对宽松、专利申请相对容易的地区。本章我们将探讨影响克隆技术发展的众多不确定性因素，以及它们可能对该领域造成的具体冲击。

政府调控：在绝对禁止与绝对自由间徘徊

多利出生的消息公布没多久，各国政府就纷纷表达了对出台调控克隆技术的政策的强烈需求和意愿。多利与公众见面后不足一周，克林顿总统就宣布禁止联邦政府资助任何与人类克隆有关的研究，他同时呼吁民众“不要被复制自己的幻想诱惑”。禁止克隆技术的呼吁在很多地方得到了响应，势如破竹。尽管如此，各国政府同仇敌忾的劲头还是很快就过去了，出台的政策大多隔靴搔痒，意见一致的美梦化为泡影。有些国家试图用先前的政策管控新兴出现的克隆技术，制定这些政策的本意不是针对克隆，而是已有的其他技术。还有些国家采用暂时性的权宜之计，在立法手段之外寻求解决的途径。有些国家以最短的时间通过了禁止克隆人类的法律，而另一些想要包容和调控克隆技术的国家却发现这是一个无比烫手的山芋。

今天，各国关于克隆的政策都可以追溯到因为多利面世而掀起的那场政治风暴。各国开始重新审视已有的政策、治疗性克隆带来的新希望以及某些组织和个人声称对人类进行克隆带来的恐慌，这些都被纳入了政府制定新政策时的考虑因素里。

为克隆（或者说几乎所有的新技术）设计调控政策的政客通常有那么几种选择，从对该技术应用的绝对禁止到完全由市场决定技术走向的政府不干涉（laissez-faire）。在这两个极端之间，政府可以选择发布暂时性禁令（冻结令，一种相对包容的禁令），或者出台调控技术应用的工作框架（一种带有限制性的许可令）。这些都是各国手握司法管辖权的政府在面对治疗性克隆和生殖性克隆时可以考虑的选择。

完全禁止是最直接的方式。就理论而言，政府可以通过立法规定某种技术的应用为非法，并制定相应的惩罚标准来保证禁令的效力。但是在实际操作中，定义技术和实施禁令都非常困难：想要禁止人类生殖性克隆技术的政策制定者必须非常谨慎，以免累及不相关的其他技术。有些与克隆相关的法令在推行的时候就缺乏必要的深思熟虑。多利面世之后，美国国会立即开始探讨相关法令（但这些法案最终没有实施），倘若这些旨在限制克隆技术的法案最终被通过，它们不仅会限制人类克隆，还会连带着把生物医学研究领域某些沿用了将近30年的标配技术拖下水。

对人类克隆技术进行政策干预之所以很困难，是因为克隆技术对实验设施和参与人员的数量要求都不高。除此之外，假设父母们希望保守曾经借助过克隆技术的秘密，那么人类生殖性克隆应用之后的取证工作就算可以进行，也注定困难重重。因为这个原因，虽然政策性禁令可以让人类生殖性克隆淡出公众的视野，却难以从根本上消除该技术，难免会有吊诡的科学家和求子心切的父母以身试法。当然，这并不是说禁止人类生殖性克隆毫无作用。即使漏网之鱼在所难免，政策上的禁令依然能够有效地降低其可能性和发生的频率。

生殖性克隆政策实施上的困难在治疗性克隆中相对少见，原因在于从克隆研究过渡到具有实用价值的治疗手段还有很长的路要走。此外，生物医学研究相对开放透明的过程为建立健全的监管机制提供了可能性。为了得到研究经费，科学家需要以同行评定文献的形式公开发表自己的研究结果，而负责监管的官员只需要翻翻这些文献就可以了解大概的研究进度。理论上来说，经费充足的科学家完全可以偷偷地开展治疗性克隆的研究，但是鉴于技术研究的巨大难度，个人英雄主义式的科学研究几乎没有可能。我们在接下来会看到，针对治疗性克隆的政策禁令尽管可执行度高，但也很可能无心插柳，给这个研究领域带来更包容的氛围和环境。

许多国家已经明令禁止多种形式的人类克隆研究。它们中的绝大多数都正式禁止了人类生殖性克隆。有些国家和地区，包括加拿大、法国、德国、瑞士以及中国台湾地区也连带着禁止了治疗性克隆研究，这些政策有的正在商榷的阶段，很有可能在不久的未来接受修订。美国联邦政府规定，禁止将其管辖的资金用于资助治疗性克隆研究，私人资助这些研究的行为在某些州被允许，在另一些州则被明令禁止。

针对克隆技术的冻结令面临着类似的定义技术和实施层面的困难。此外，冻结令的问题还在于如何确定它的有效期限，以及审核的标准。通常情况下，在冻结令实施之前，有关人员需要对针对的科学领域进行评估和审核，确定限制的尺度。作为暂时性的禁令，冻结令常常被政策制定者称为“日落条款”（sunset clause），意指如果没有进一步的立法，冻结令的效力就会在到期之后自动消失。日本和荷兰已经颁布了针对治疗性克隆研究的冻结令，而还有一些国家正在考虑效仿。

允许克隆技术在政策调控下有序开展的想法给人们留下了更多选择包容性政策的余地。无论是生殖性克隆还是治疗性克隆，只要符合指定的安全标准，调控的政策就可以非常简洁明了。而在某些非常特殊的情况下，调控的政策可以针对需要胚胎的特殊研究事无巨细地制定规范。理论上来说，这样的政策制定思路也可以用于生殖性克隆。假设有一天生殖性克隆被证明是安全的，那么我们不难想象建立这样一套监管系统：生殖性克隆技术只被允许用于帮助罹患不可逆的不孕不育症而又希望生育孩子的夫妇。迄今为止，还没有国家公开声明允许人类生殖性克隆，但有为数不少的国家，包括英国、比利时、以色列、新加坡、韩国和中国，都允许在不同强度的监管下进行治疗性克隆研究。

政策取向的分水岭：治疗与生殖

人类生殖性克隆已然成为众矢之的，有鉴于此，立法者禁止其应用可谓众望所归。这在某些国家已经实现，而在另外一些国家和国际舆论中，在禁止人类生殖性克隆的问题上达成一致却没有那么容易。最难解决的分歧不是如何管控生殖性克隆，而是如何看待治疗性克隆的定位。

如果政策制定者们愿意把人类生殖性克隆和治疗性克隆区分开，那么几乎每个国家都可以轻松制定禁止生殖性克隆的法案，针对该技术的共识也可以在第一时间达成。理论上来说，只要清楚识别克隆技术的这个微妙区别，政策制定者就可以把注意力放在治疗性克隆上，考虑到底是该禁止、限制还是推行该技术。但是美国及一众国家的立法者在联合国举行的辩论会上拒绝区别对待这两种情况。

这些国家拒绝的原因有两个，第一个是政治性原因。禁止生殖性克隆的呼声显而易见，但是反对治疗性克隆的声音却不见得有多响亮。那些反对任何形式的人类克隆研究的政策制定者对单独禁止治疗性克隆的难度心知肚明。他们是打算把两者绑定在一起，用人们对生殖性克隆的过激情绪来扼制治疗性克隆。政策制定者拒绝区别看待两者的第二个原因，是他们担心一旦开了允许治疗性克隆研究的先河，生殖性克隆的合法化将在所难免。他们认为，如果科学家越来越熟练地掌握如何制备人类胚胎，这将大大降低生殖性克隆的技术门槛。不仅如此，他们还提出，只要人类的克隆胚胎存在于生物实验室的冰箱里，那么无论是出于无意还是有意，出现有人把这些胚胎移植到代孕者体内并最终导致克隆人出生的情况将只剩下时间问题。为了杜绝这种意外的发生，政策制定者们坚持以“一刀切”的方式监管上述两种克隆技术。

美国：联邦政策与州政策分歧严重

克隆政策分歧严重的情况在美国国内体现得淋漓尽致，这让本就鱼龙混杂的美国政治环境雪上加霜。联邦政府希望针对克隆技术立法的尝试陷入了僵局：不管是想将克隆技术全面封禁还是想支持生殖性克隆技术的政客都无法为自己争取足够的选票。克隆技术的处境还因为美国政治与堕胎政策由来已久的渊源而愈加复杂。尽管美国最高法院在 30 多年前就赋予了妇女终止妊娠的合法权利，但堕胎到今天依旧是分歧最严重的政治话题，它是谁都碰不得的烫手山芋，稍有僭越就有触犯众怒的危险。

美国联邦政府的暧昧态度让研究克隆的科学家集体陷入了迷茫。美国法律规定，联邦政府的资金不得用于资助与人类克隆有关的研究，却没有对私人资金的资助加以限制。作为保证美国国内食品安全和药物审批的机构，美国食品药品监督管理局根据已有的法案主张自己拥有对人类生殖性克隆技术的监督权，但是这个主张的法律依据却遭到了部分法学家的质疑。为此，美国政府出台了一份关于克隆技术的补充声明，声明兼顾了人类生殖性克隆和治疗性克隆。但是这份补充声明不但没有让情况缓和，反而使之进一步恶化了。

美国食物药品监督管理局宣称将禁止一切与人类生殖性克隆有关的研究，这恰好反映了美国政府希望通过立法解决争议的努力方向。不过，人类克隆技术并不属于食物药品监督管理局成立之初所规定的管辖范围，因此即便该机构有意插手，也只能针对一小部分人类克隆领域的实验。从实际操作的角度来说，食物药品监督管理局的监管任务在于保证安全，而非符合伦理，如果克隆技术的安全性得到证实，那么管理局是否还有插手该技术领域的余地目前尚未可知。

美国食品药品监督管理局的行政角色是管理“生物制品”，如病毒、疫苗、血液制品等用于医用治疗的产品。管理局声称人类克隆胚胎是治疗不孕不育症的“生物制品”，因此属于其管辖的范围。这也意味着管理局无权对治疗不孕不育症之外的生殖性克隆研究进行干涉。此外，管理局还主张用“药物” 的标准管理克隆人类。按照美国食品药品监督管理局的定义，药物是“能对身体的结构和功能造成影响的人工物品（除了食物之外）”，而人类克隆胚胎由于能够影响女性的身体——致其怀孕，而符合这个定义。该机构的主张还没有在法庭上受到过质询，所以没人知道它能否经受住法律的检验。

私人资助治疗性克隆研究的行为没有受到美国国家层面的限制，但是已经有数个州明令禁止。在某些州受到鼓励的研究可能在另一个州被控违法。联邦政府资金不得用于资助人类克隆研究，迫使对治疗性克隆感兴趣的科学家从其他渠道寻找资金支持。这条禁令可以追溯到 1995 年，当年颁布的一条法律规定，联邦政府资金不得用于资助涉及人类胚胎损伤和破坏的实验研究。我们在第 5 章里看到过，正是这条限令让詹姆斯·汤姆森把目光转向国外，为自己分离人类胚胎干细胞系的研究筹措资金。由于政府通常是基础生物医学研究机构主要的经费来源，相关限令可谓影响深远。

州级别的相关政策一直飘忽不定。数个州的州政府，包括加利福尼亚州、新泽西州、康涅狄格州和马萨诸塞州，都明确表示允许治疗性克隆研究，有的州甚至为此提供州政府资金支持。其中加利福尼亚州选民在 2004 年 11 月通过公投批准了 30 亿美元作为干细胞研究的经费，他们在这方面的作为堪称敢为人先。尽管如此，还是时不时会有人试图阻挠州政府的努力。治疗性克隆技术至少在 6 个州遭到了禁止，另外还有数个州政府正在考虑颁布禁止的法案。绝大多数州对克隆技术的应用都还没有明确表态，所以在这些州内，治疗性克隆目前处于默认的合法状态。

美国联邦政府对资金的限制，以及州政府的补充法案还波及了研究人类胚胎干细胞的科学家。美国联邦政府对人类胚胎干细胞研究的资助截止到 2001 年 8 月 9 日，先前也有规定称科学家只能从多余的人类胚胎上提取干细胞。与研究治疗性克隆的科学家们一样，想要更新人类胚胎干细胞系的科学家只能求助私人资本的资助。总体说来，美国政府对人类胚胎干细胞和治疗性克隆研究的监管政策偏于保守。

英国：口径统一、事无巨细

英国对人类克隆技术的政策调控与美国形成了鲜明的对比，因而值得引起我们的注意。作为世界上第一个试管婴儿的出生地，英国政府从 1990 年开始就对辅助生殖技术进行了事无巨细的监管。1997 年，当多利的出生被昭告天下后，老道的英国政府对之后到来的人类克隆热潮显得有恃无恐。合法的人类胚胎研究只有在极少数的医用情况下被允许，英国议会为此特地建立了一个监管机构——人类受孕与胚胎学管理局（Human Fertilization and Embryology Authority, 以下简称 HFEA），负责上述研究的审批和监督。由于多利的面世，HFEA 重新审查了当时已有的政策，得出的结论是：HFEA 当时已有的条例不允许在英国国内开展人类生殖性克隆，但对治疗性克隆另当别论。

HFEA 对法案条款的释义在法庭上遭到了增殖联盟（ProLife Alliance）的反对，后者是英国国内著名的反堕胎、反胚胎和人类克隆研究的团体。该组织认为 HFEA 的法令仅适用于通过正常受精获得的人类胚胎。英国高等法院在 2001 年 11 月裁定该反对有效，英国政府苦心经营的克隆政策面临危机。增殖联盟的本意可能是希望借助这次判决推动全面禁止与人类有关的克隆研究，但是国会应对迅速，马上出台了禁止人类生殖性克隆的法案，同时完善了针对治疗性克隆的立法。这一举动让人类胚胎干细胞研究和治疗性克隆研究在英国国内获得了合法地位。与美国不同，英国的政策对合法的研究一视同仁，没有经费资助上的区别对待。

在英国，希望在研究中动用克隆胚胎的科学家必须向 HFEA 申请资格认证，并向其解释为何胚胎在实验中不可或缺，以及如何保证实验符合胚胎研究的公认标准。2004 年 8 月，HFEA 将第一张许可执照颁给了纽卡斯尔大学艾莉森·默多克带领的科研团队。第二张许可执照的拥有者是伊恩·威尔穆特，他计划以核移植的方式，利用罹患肌萎缩侧索硬化的患者的体细胞建立人类胚胎干细胞系。威尔穆特和同事希望以此研究这种神经退行性疾病发展的早期阶段。肌萎缩侧索硬化患者中不乏知名人士，如棒球运动员卢·格里克（Lou Gehrig）和物理学家史蒂芬·霍金。

联合国：难以达成的多边协定

各国政府针对克隆技术制定的政策各不相同，因此不难想象，当各国代表在联合国会议上聚首时，场面将会如何的纷乱。尽管众多成员国提出反对，联合国却依旧无法在禁止人类生殖性克隆研究的问题上达成有效的多边协定。与美国国内的情况类似，禁令迟迟没有公布的原因不是因为人们支持人类生殖性克隆，而是不希望波及治疗性克隆研究。

联合国针对克隆技术的辩论开始于 2001 年 8 月，起因是当时的法国和德国——它们分别在国内禁止了所有与人类有关的克隆研究，督促联合国制定针对禁止人类生殖性克隆技术的国际公约。这个提议起先得到了广泛支持，公约的实施似乎也是众望所归。可是好景不长，国家间的分歧最早出现在2002年年初，美国首先在联合国发难，提出要以同样的标准对待人类治疗性克隆和生殖性克隆。美国的提议遭到了许多支持治疗性克隆技术的国家的反对，其中就包括法国和德国。这两个国家认为，联合国应当先把关注点放在国际社会意见相对一致的生殖性克隆上，之后再探讨有关治疗性克隆的事宜。

2003年9月，联合国一个委员会收到了两份提案。一份由美国和哥斯达黎加联合递交，提议禁止所有与人类有关的克隆研究；另一份来自比利时的提案则建议只禁止生殖性克隆。双方的辩论一度僵持不下。最后会议采纳了一种折中的方式，以一票的优势通过搁置决议两年。大多数支持治疗性克隆技术的国家都投了搁置决议的票，本次辩论的结果被视为美国等希望全面禁止人类克隆技术的国家的败北。尽管如此，支持美国–哥斯达黎加提案的国家还在继续游说国际社会，它们的努力让搁置决议的时间从两年缩短到了一年。

一年后的第二场辩论会依旧毫无建树。国际社会意识到，现阶段在这个问题上达成共识的可能性微乎其微。这时候意大利提出了一种进一步折中的方案，它提议以非共识的方式呼吁各国禁止人类生殖性克隆，在治疗性克隆研究中充分考量人类的尊严。提议的措辞成了引发诸多争议的源泉。意大利发出的呼吁旨在号召各方妥协，它不仅提出了达成非共识的可能性，其模棱两可的用词在事后也成了辩论双方炫耀自己胜利的标志。

意大利的折中提案的最后呼吁联合国成员国“出于对人性尊严和

人类生命的保护，禁止任何形式的人类克隆研究”。反对治疗性克隆的国家大可以说这项研究侵犯了人性的尊严，因此与联合国的决议相违背；而支持的国家则说对早期胚胎的实验研究没有损害任何人的尊严。此外，鉴于治疗性克隆的应用潜力巨大，相关研究将有助于保护人类的生命，因此该技术符合联合国的决议。

联合国关于人类克隆技术的决议于2005年3月以84票支持、34票反对和37票弃权宣告通过。绝大多数非共识性决议都得到了全体一致通过的结果，唯独意大利的提案的结尾遭到了许多支持治疗性克隆技术国家的反对，它们担心最后这段话太过宽泛，会被别有用心的国家拿来用作禁止人类克隆胚胎研究的根据。

大势所趋：由限制转向包容

联合国会议对治疗性克隆的反对态度让许多支持该技术的国家陷入焦虑。如果国际社会在这项决议上达成共识，无疑将阻碍各国国内已有或者将有的相关研究。每个国家国内政策的变动也会带来不同的结果。研究治疗性克隆和人类胚胎干细胞的科学家只能自己承担风险，有朝一日政策发生变动，他们的研究工作就会因为非法而不得不被中途叫停。

不过从目前的形势看，这种风险并不大。从国家的层面看，相关政策正在从限制逐渐转向包容。当初禁止治疗性克隆的某些国家现在正在重新审核国内政策，考虑将核移植技术在某些实验中的应用合法化。日本政府在治疗性克隆技术的冻结令到期之后，随即宣布将授权和支持该领域的研究工作。类似的例子还有西班牙，西班牙国内针对克隆技术的法律也进行了大幅度调整。当人类胚胎干细胞首次于1998年分离成功时，西班牙国内仍旧处于全面禁止胚胎研究的状态，而眼下，西班牙政府不仅为利用医疗废弃胚胎的研究亮起了绿灯，甚至允许科学家用核移植技术进行胚胎克隆。即使是在美国，当年小布什总统极力反对人类胚胎干细胞和治疗性克隆研究，公众对于相对包容的政策的呼声却越来越高。国会参众两院在审批通过的政府预算中删除了数条联邦政府资金对人类胚胎干细胞研究的限制条款，这迫使小布什总统在任期中第一次动用了总统否决权。

按照这种趋势，治疗性克隆的研究环境将越来越好。不过，政策的变更需要大量的时间，未来的政治走向也未必和眼下相同。研究克隆的科学家们在可预见的未来中还将继续面对飘忽不定的政治环境。

知识产权保护：国家、地区差异大

克隆技术的知识产权保护与监管克隆研究的国家政策一样，在国家与国家、地区与地区之间存在较大的差异。这种差异在申请与生物和人类有关的专利时尤为明显。虽然近些年来各个国家对各自专利申请体系的改进有目共睹，但是仍不足以解决产品专利，如人类基因和技术专利（如建立人类胚胎干细胞系）方面的争端，因为这些专利涉及的对象与“人”息息相关。

专利制度设计的初衷在于奖励发明者。发明者通过在限定时间内享有对发明事物的垄断权，获取商业利益。作为交换，专利制度要求发明者公布发明的全部技术细节。申请专利保护的发明必须要满足数个条件。在美国，发明专利必须新颖、设计巧妙且实用，美国专利制度对能够进行申请的发明几乎百无禁忌。虽然“天然产品”不能用于申请专利，但是如果它们能够从自然环境中被分离出来，或者经过一定程度的加工，成为“混合产品”，它也就同时具备了申请专利的资格。美国最高法院裁决的戴蒙德诉查克拉巴蒂专利案（Diamond v. Chakrabarty）①首开转基因细菌申请专利的先河，从此，美国国内“发明”的定义被扩展到“普天之下所有人造的事物”。

宽泛的专利定义也涵盖了与克隆相关的发现。体细胞核移植技术各步骤的专利归伊恩·威尔穆特、罗斯林研究所及克隆领域的其他科学家所有。那些指望克隆技术带来商业收益的公司则热衷于在各方争端中分拣专利权。某些公司之间已经因为利益纠纷发生过冲突。杰龙生物医药公司和尖端细胞技术公司（Advanced Cell Technology）这两家专注于克隆技术生意的美国公司为争夺专利权已多次对簿公堂。经过多年诉讼，两家公司终于在 2006 年达成庭上和解。

知识产权纠纷同样会影响人类胚胎干细胞研究。通过灵长类动物提取和建立人类胚胎干细胞系的多项实验技术专利被授予了威斯康星大学的詹姆斯·汤姆森。这些专利目前掌握在威斯康星大学校友研究基金会手中，而该领域的人指责这一行为拖慢了研究的进展。作为汤姆森最初开展实验的资助人，杰龙生物医药公司垄断了三种胚胎干细胞系和将来把它们用于医学治疗的全部商业权利。不仅如此，杰龙生物

① 查克拉巴蒂通过转基因技术获得了能够分解原油的超级细菌，美国最高法院在 1980 年驳回之前的裁决，认定转基因细菌能够申请专利。——译者注

医药公司还握有罗斯林研究所核移植技术的专利，两者的组合成为杰龙生物医药公司力挺治疗性克隆研究的理由。

胚胎干细胞专利面对着一个非常不确定的未来。目前它们的作用和地位在美国已经受到了挑战，其应用的范围可能没有人们预期的那么广泛，甚至可能完全没有应用的前景。不仅如此，虽然美国政府给相关技术授予了专利，但它们在其他国家并没有被当作是符合专利申请条件的“发明”。

择地行诉：政策影响下的克隆科学家全球“迁徙”

多变的政策环境究竟会对克隆技术的发展造成怎样的影响？波及的范围又会有多大？暂时还没有人能准确地回答这些问题。治疗性克隆的情况尤其不容乐观，因为各国政策不同，该技术在某些国家正蓬勃发展，而在另一些国家则不然。

治疗性克隆的支持者们担心，针对实验性人类克隆胚胎使用的限制会阻碍新型治疗技术的研发。生物医学研究的进步和突破是一个循序渐进的过程，同一领域的研究团队通常会选择类似的研究思路，并互相成就对方的研究工作。团队间的互动与合作非常重要。如果大型的经费资助机构，譬如美国国家卫生研究院决定不资助某类研究，那么开展相应研究的实验室的数量就会减少，该领域的进步速度就会不可避免地放缓。

在一些国家围绕治疗性克隆的伦理问题争辩得面红耳赤时，另一些国家出于抢占前沿科学领域的目的正在为治疗性克隆技术慷慨解囊，提供大量研究经费。这种情况一定程度上缓和了该领域面临的经费短缺问题。但是开放研究技术的英国、中国和新加坡等国在多大程度上能够与美国等限制同类研究的国家抗衡，仍旧是个未知数。

有调研指出，除美国以外，人类胚胎干细胞的研究数量正在以与美国国内不成比例的速度增加。与其他争议相对较少的生物医学技术研究相比，美国人类胚胎干细胞研究论文所占的比例非常低。目前还没有人发表过全球胚胎干细胞研究整体发展状况的研究报告。

政策待遇上的不平等还有可能导致科学家们为寻求更宽松的政策环境从一个国家跳槽到另一个国家，或者我们也可以称之为“择地行诉”（venue shopping）。美国的政策制定者正在担心他们国家最顶尖的科学家们因为政策压力而选择离开美国（或者离开政策不友好的州），去其他国家（或者美国政策更宽松的州）继续自己的研究。欧洲的政客也没能高枕无忧。一些政策相对不友好的欧洲国家已然发声表达了自己对于国家科学实力的顾虑，因为他们的科学家正在向欧洲另一些国家和亚洲流失。

新闻中的一些名人逸事证明这些担忧不是空穴来风。2001 年，著名胚胎干细胞学家罗杰·佩特森（Roger Pedersen）离开美国，前往英国继续自己的研究。他在动身前夕指出，自己决定离开的主要原因正是美国国内暧昧的政策环境。艾伦·科尔曼（Alan Colman）是主导克隆多利研究的科学家之一，而劳伦斯·斯坦顿（Laurence Stanton）曾经就职于为詹姆斯·汤姆森胚胎干细胞研究提供经费的杰龙生物医药公司，两人现在均已搬到新加坡。不过他们前往新加坡的原因并不是因为政策倾向性，而是新加坡政府愿意为他们的研究提供充足的经费。可以想见，在公众媒体接触不到的范围内，有更多不为人所知的科学家因为人类胚胎干细胞和治疗性克隆研究的利好政策而选择移民。近年来，中国政府成功说服了许多在海外从事多年科研工作的华人回到祖国。从新闻报道和口口相传的逸事来看，中国政府的这一举措在治疗性克隆和胚胎干细胞领域的斩获尤其丰厚。

由于许多科学家的人事变动不会引来媒体报道，所以科研移民的程度究竟如何我们暂时无从得知，不过针对美国干细胞领域科学家的一份调查显示，他们因为研究需要而考虑离开美国的倾向远远高于其他领域的科学家。从最近几年的数据来看，与生物医学研究中的其他争议相对较少的领域相比，干细胞学家在美国国外获得工作机会和任命的概率是前者的近 5 倍。

科学家在国家间的调动也许不会影响学科整体的发展，却让那些对治疗性克隆研究成果感兴趣的国家坐立不安。就在黄禹锡东窗事发之前，韩国政府披露他手中握有 14 项与治疗性克隆相关的国内专利和国际专利，另有 71 项技术专利正在向世界各地的机构申报中。虽然在丑闻被曝光之后，黄禹锡手中绝大多数的专利都会宣告失效，但是这些专利存在过的事实，以及韩国政府对知识产权保护的高调态度，背后反映的是某些国家对克隆研究蕴含的潜在经济利益的觊觎。

一些公司也有可能选择“择地行诉”的商业手段。美国独一无二的专利申请条件宽泛地把人类胚胎干细胞研究也纳入其中，这种情况在许多别的国家是不曾有的，因此，如果在美国国外开展相关研究，尤其对于商业性公司而言，可以大大降低研究的成本。我们不知道有没有或者会不会有公司因为知识产权保护的原因选择离开美国，但是据报道，有的跨国公司正在考虑将人类胚胎干细胞研究的业务从美国国内转移到其国际分部。

把技术的问题还给技术，用技术手段绕开伦理争端

除了影响学科的进步和科学家的个人职业生涯，围绕人类胚胎干细胞研究的伦理难题也是史无前例的，对此，许多科学家想到用技术手段解决或者绕开伦理争端。2005 年，《自然》杂志上发表的两篇论文从两种不同的角度展示了科学家在这方面的努力。

第一篇论文里的技术叫“改良核移植”（altered nuclear transfer）。该技术的提出者是威廉 · 赫巴特（William Hurlbut），他本人是一名大夫，也是斯坦福大学的顾问教授。改良核移植技术的思路非常直白，赫巴特通过修饰和改造胚胎的方式让它们无法完成发育，他的做法很可能是阻止胎盘的正常发育。只要对用作核供体的体细胞进行基因修饰，随后按照传统核移植技术的步骤就可以获得“改良胚胎”。通过这种方式，基因修饰影响的仅仅是活在培养皿里的细胞，而没有人会认为培养皿里的细胞与“人”有什么关系。即便移植到代孕母亲的体内，改良胚胎也无法正常着床和发育。至少在赫巴特眼里，它们与正常、非改良的胚胎不同，所以没有理由把改良胚胎当成“人”对待。赫巴特在许多公开场合展示了该技术，并听到了许多反响良好的声音，甚至于通常对人类胚胎干细胞研究持反对意见的组织也对此表达了认可。

但是，赫巴特的设想遭到了科学家和生物伦理学家的猛烈抨击。许多人，包括那些认为早期胚胎也应当拥有人权的人认为，“致残”或者“阉割”胚胎的做法甚至比分离胚胎干细胞的传统技术流程更令人作呕。尽管如此，还是有人在 2005 年 10 月发表了验证赫巴特设想的实验论文，他们在实验中用小鼠证实赫巴特的想法是可行的，并猜想其在人类身上也具有可行性。完成该实验的团队由克隆专家鲁道夫·耶尼施领导，他们用基因修饰手段关闭了小鼠细胞内控制胎盘发育的关键基因，随后用这些细胞进行普通的核移植实验。实验的结果是，他们从无法着床的小鼠胚胎中成功分离出了小鼠胚胎干细胞。

第二篇论文中的技术是在保留胚胎发育能力的前提下分离人类胚胎干细胞。该论文的作者大多数是效力于尖端细胞技术公司的科学家，区别于传统用免疫手术法从滋养层中分离胚胎干细胞的方式，这种技术是从八细胞时期的小鼠胚胎中分离细胞。分离出的细胞随后被混入已有的小鼠胚胎干细胞系中培养，早先建立的小鼠干细胞系在混合培养前都经过基因修饰，以便能与目标细胞分离。在某些情况下，单独分离出的胚胎细胞能够成为单株的胚胎干细胞系。剩余的七细胞胚胎被转移回母鼠的子宫后，仍然可以正常发育并成熟。就在最近，有人证实该技术同样适用于人类细胞。这个实验团队还发现，在八到十细胞时期的人类胚胎中分离出的细胞有发育为胚胎干细胞的潜力。这意味着，从八细胞人类胚胎中分离出的单个细胞可以用于建立人类胚胎干细胞系，而这种分离操作在体外受精实验中也经常会见到，不仅如此，分离操作还不会影响胚胎的正常发育。

虽然对于研究治疗性克隆的科学家而言，该技术没有带来多少额外的帮助（因为没有人需要移植克隆胚胎，胚胎能否发育不是必须考虑的因素），但是对需要从不孕不育门诊回收报废胚胎，用于提取人类胚胎干细胞的科学家来说，它意味着更少的争议。尽管如此，批评的声音也不能忽视。最重要的一个问题是，从八细胞胚胎中分离的细胞相当于受精卵，因为它们在合适的条件下具有发育成完整个体的潜力。如果分离出的细胞等同于一个新胚胎的话，那么该技术在平息胚胎研究反对者的声浪上的作用也就微乎其微了。

这两篇论文值得我们关注，原因不在于它们的科学价值，而是它们在日益激烈的伦理争论中所扮演的角色。它们的伦理学价值不在于凭借一己之力终结旷日持久的伦理学争论，但是它们的作用无可替代。美国国内的某些立法者一方面不满于联邦资金的限制条款，另一方面又不愿意为新的人类胚胎干细胞系建立做出头鸟，而这些论文和技术让他们看到了解决这个矛盾的希望。当前，美国国内关于克隆技术的政治辩论就包括是否为人类胚胎干细胞系的技术改良研究增加经费等议题，相比于推翻已有的限制法案，不少政客更倾向于支持扶植新技术。

从长远来看，科学家希望能够找到一种不伤害胚胎的方式获得符合患者需求的多能干细胞，以便不用再借助眼前的这些旁门左道和权宜之计。科学家的期望是通过研究决定细胞多能状态的基因，直接把成体细胞逆转成具有发育多能性的胚胎细胞。这需要经年累月的研究，但是回报同样丰厚：克隆技术发展中剑拔弩张的气氛、飘忽不定的政治环境都会成为明日黄花。

章后总结

1. 导致克隆技术的未来扑朔迷离的主要原因是其引起的伦理学争议。不同国家，甚至同一个国家内的不同地区都在相关争论中持有不同见解。
2. 从对克隆技术应用的绝对禁止到完全由市场决定技术走向的不干涉，在这两个极端之间，是掌握司法管辖权的政府在面对治疗性克隆和生殖性克隆可以考虑的诸多选择。
3. 克隆技术的知识产权保护与监管克隆研究的国家政策一样，在国家与国家、地区与地区之间存在较大的差异。
4. 监管政策上的不平等，可能导致科学家为了寻求更宽松的政策环境从一个国家跳槽到另一个国家，而针对实验性人类克隆胚胎使用的限制会阻碍新型治疗技术的研发。

延伸阅读

如果你想要寻找制定公共政策的参考书籍，我强烈推荐《克隆政策的制定》(*Crafting a Cloning Policy*)。本书的作者是安德里亚·博尼克森(Andrea Bonnicksen)，他是北伊利诺伊大学的政治学教授，常年关注美国国内的政治变化。该书回顾了胚胎研究管理政策的发展历程，还以编年史的形式记述了 20 世纪 90 年代晚期发生在美国国会的政治辩论。除此之外，书中还介绍了英国、加拿大和澳大利亚等国的监管政策。

我想推荐的另一本书是《人类克隆：科学、伦理和公共政策》(*Human Cloning: Science, Ethics and Public Policy*)。这本书由芭芭拉·麦金农(Barbara MacKinnon)编纂，书中收录了一系列顶尖学者的论文，探讨的主题是政策在不同的条件下如何影响克隆技术的发展。而克隆技术引发的政策问题也是《克隆档案》(*The Cloning Sourcebook*)的主要内容，这本论文集是由艾琳娜·克洛茨克(Arlene Klotzko)编著的，书中收录了 27 篇文章，其中也有专门探讨伦理和科学的部分。

对人类克隆技术与相关法律感兴趣的读者可以参阅凯瑞·麦金塔(Kerry Macintosh)的《法律禁区：人类克隆与法律》(*Illegal Beings: Human Clones and the Law*)，书中对限制人类克隆的法案的合法性，以及美国政府的管辖权进行了全面评估。

由于克隆政策还没有尘埃落定，尤其是针对治疗性克隆和体细胞核移植技术的法案，所以参考在线资源是实时跟进政策变更的最佳途径。明尼苏达大学的威廉·霍夫曼（William Hoffman）为治疗性克隆和干细胞研究政策制作了一张跟踪地图。你可以通过以下网址访问他的“世界干细胞地图”：http://mbbnet.umn.edu/scmap.html.

比较实用的可以用作制定行政规章制度参考的资料还有由美国先进科学协会发布的《人类克隆监管现状》（*Regulating Human Cloning*），以及由美国遗传和公共政策中心发布的《克隆：政策分析》（*Cloning: A Policy Analysis*）。

A
BEGINNER'S
GUIDE

8

未来设想：自由市场的强力驱动

除政策原因外，决定克隆技术未来走向的因素还有哪些？

克隆技术的未来应用前景具体有哪些？

克隆技术继续发展，还会给人类社会造成怎样的影响？

预测克隆技术的未来很可能只是徒劳。我们在历史回顾中已经看到了，关键性的突破往往会在出人意料的时候突然出现，毫无根据可循。克隆技术的未来笼罩在一片阴云之中，它的命运无疑要由支持和反对双方的政治力量的拉锯决定。政治力量能够决定克隆技术发展的地区、进步的速度，甚至可以直接抹除该技术。

决定克隆技术命运的另一个不可忽视的因素是自由市场，市场对消费者需求的回应和助长让克隆的未来变得更加扑朔迷离、不可预测。眼下，市场对人类生殖性克隆技术的需求几乎可以忽略不计，也没有科学家和私人企业能够或者愿意迎合这少得可怜的需求，但是情况很可能会改观。之前市场对不孕不育治疗技术的需求也少得可怜，但是辅助生殖的医疗市场在 1978 年第一例试管婴儿出生之后发生了井喷。时至今日，私人门诊已成为推动不孕不育医疗技术发展的主导力量，尤其是在相关监管政策存在大量空缺的美国。

短期之内，克隆技术发展的推动力具体体现为几个相对清晰的目标。动物克隆技术的目标是生产生长更迅速、污染更少、肉奶品质更高的奶牛、猪、绵羊和其他具有农业价值的牲畜。除此之外，还包括把动物改造成生物发生器，以极其低廉的成本替代量产药物和其他生物制品。人类克隆技术的短期目标是用克隆技术研究诸多人类疾病的病因，而长远上则是为基于患者胚胎干细胞的细胞替代疗法做铺垫。

不同的目标在世界范围内的认同度和接受程度各异，但是所幸每个目标都至少有一个科学强国作为后盾，所以克隆技术的进步值得期待。克隆技术的进步无疑可以让许多长远的可能性成为现实，比如人类基因修饰和人种改良，不过类似的长远应用往往认同者寥寥，能否成为现实依旧是未知数。许多克隆技术的未来应用太过新颖，如同那场失败的联合国辩论，许多国家推行的政策已经让它们胎死腹中了。本章我们将探讨克隆技术的短期目标，并对它们的长远影响加以预测。

食品用克隆动物：难以抗拒的广阔市场

虽然克隆动物制品还没有进入食品市场，但是大有风雨欲来之势。至少在美国，基因改良植物现在已经不是什么稀奇玩意儿了。2005 年，美国国内的一次民意调查显示，美国民众普遍对克隆动物怀有抵触情绪，但是大部分人已然相信克隆技术大有用武之地，例如用于生产抗病的畜牧动物，拯救濒临灭绝的物种或者治疗人类疾病。而欧洲民众对克隆技术的态度要暧昧得多，欧洲向来对生物技术不以为意，尤其是近些年新兴的基因工程技术。

如我们所见，克隆技术在复制珍稀动物方面的应用正一路高歌猛进。如果克隆动物来源的肉奶制品进入市场，并得到规范和监管，再加上克隆效率的提高，那么快速复制顶级奶畜和肉畜带来的商业利益是任谁都难以抗拒的，克隆奶牛很有可能会成群结队地出现在美国的各个农场上。在克隆复制现存动物的技术普及之后，用基因工程改造现有牲畜的品质就显得顺理成章，当然技术上能否实现我们暂时还不清楚。我们有理由相信“基因改造”会引起很多人的反感，但市场的力量或许更胜一筹，美国社会不会拒绝这棵摇钱树，同样的道理，基因改良生物在世界上流行很可能只是时间问题。

以疯牛病为例，2004 年，美国国内总共发生了 3 例疯牛病疫情，由此引发的牛肉出口限令造成了高达 47 亿美元的损失。即便如此，美国的损失在遭受疯牛病疫情蹂躏长达 20 年的英国面前也只能算是小巫见大巫。倘若如某些研究所期望的那样，科学家能够找到一种改良肉牛基因的方式，使其免疫疯牛病，大概没有国家会对此有异议。不仅如此，该技术带来的巨大经济利益恐怕会让所有国家趋之若鹜，遑论经营农场的个体户。只要疯牛病免疫技术效率可靠，可以想见，各国政府都会争先恐后地加以鼓励，甚至强制该技术在所有上市的肉畜中推行。推行该技术的政策会让政府挽回巨大的经济损失，由于人们通常不会反对让动物免于患病的技术，所以它能够在保障安全性的同时，把公众的抵触情绪保持在最低限度。

其他基因改良技术更富争议性，特别是模糊物种边界的人工改造方式，如新闻报道了一种被称为“护心猪”的产品取得的新突破。Ω-3 脂肪酸是一种最初在多脂鱼鱼油中发现的物质，它被认为与降低心血管疾病的发病率有关，不过大部分居民在日常饮食中没有机会足量地摄入这种对健康有益的脂肪酸。克隆技术为此提供了一种解决办法，匹兹堡大学和密苏里大学哥伦比亚分校的科学家成功获得了一种富含Ω-3脂肪酸的克隆猪。全世界居民每年食用猪肉的机会要远远高于食用深海多脂鱼，所以科学家希望这些克隆猪或它们的后代能够显著提高全世界人口对Ω-3脂肪酸的摄入量。市场会为类似的改良物种买单吗？很难说，但是改良的技术细节却有可能让一部分习惯食用猪肉的人望而却步：科学家们插入猪基因组中的那段基因来自一种扁虫。虽然插入的基因不会让猪肉尝起来像扁虫，但是不难想象消费者对市面上这种猪与扁虫的混合肉面露难色的情景。

药用克隆动物：神奇的生物发生器

克隆技术还让能够量产珍贵生物分子的基因改造动物成为现实。经济上的价值因改良动物分泌的药物而异。有的蛋白质分子生产成本极高，而在实验室里从基因改良的动物和植物体内提纯获得这种分子则要廉价和高效得多，这是未来发展的一大趋势。其他相对简单的生物成分则可以继续通过传统的生产工艺在工厂里进行量产。

转基因生物量产生物成分的经济学特点，是其商业成本几乎集中在前期研发阶段。以假想的一种情况为例，成功研发在乳汁中分泌胰岛素的奶牛需要克服巨大的技术难关，耗费高昂的研究经费，而一旦获得一小批符合要求的奶牛，它们就能以极其低廉的成本生产胰岛素。你只要把这些牛放到草场上，它们就可以自给自足。不仅如此，奶牛还会自我繁殖。两头经过基因改良的奶牛交配，所得的后代理应也是转基因牛。也就是说，只有在最初改良转基因牛时克隆技术才是必需的，转基因牛的繁殖可以借助最传统的繁育方式。如此一来，唯一需要考虑的成本就只剩下从牛乳中提纯胰岛素的花费。

转基因生物作为生物发生器具有很好的机动性，因此有人提议，对于非洲等相对不发达的地区，这种“制药”方式能够用来弥补当地尚不完善的医疗体系，解决当地的医疗问题。他们的设想很简单：把分泌药用成分的转基因动植物赠送给缺乏疫苗和药品的社区。而社区居民只需要负责照料这些植物和动物，收获的药物和生物产品就可以用来治疗当地居民的疾病和提高社区健康水平。相关研究才刚刚起步，前路漫漫，没有人确定这样的设想能不能在有朝一日成为现实。不过已经有证据显示，这种设想并非空中楼阁，尤其是它在降低医疗市场成本方面的作用，对医药公司来说无可替代。2004 年，南非科学家宣布他们正在着手优化烟草基因的技术，目的是让烟草能够分泌治疗艾滋病和肺结核的药用成分。

尽管南非科学家的设想极具潜力，但是并没有引来一片叫好声。最大的反对声来自英国和其他一些欧洲国家，对生物基因修饰技术根深蒂固的抵触情绪没有因为技术手段的目的不同而有多少改变。反基因技术组织罗列了许多声讨该技术的安全性的理由，包括转基因动物潜在的基因逃逸[①]。反对者担心外源基因进入野生种群之后很可能会让同类个体的生存压力增大，危害到自然群落的生物多样性。

人们对利用转基因生物生产药物最初的担心源于转基因和非转基

① 基因逃逸：指转基因动物所携带的外源性基因通过交配流入野生同类个体的现象。——译者注

因生物之间的交配，两者的意外交配会导致食品产业的基因污染。就理论而言，把制药用途的转基因动物从非转基因种群中孤立出来，防止两者发生配种繁殖在技术上是可行的，但是转基因技术的反对者担心隔离技术的实现没有那么容易，基因污染在所难免。完全断绝转基因生物与同种个体之间的生殖联系非常困难，比如通过空气传播的花粉可以“跨越”非常远的距离，不过有效的限制手段也不容忽视。

转基因技术的反对者，有时候会为了维护自己的立场而诉诸暴力。英国科学家曾尝试研发分泌家兔疫苗的玉米和烟草，后来因为惧怕暴徒的蓄意破坏，英国政府不得不将试验田从英国转移到了南非。虽然基于经济利益的考量来看，转基因技术继续存在和发展的可能性很高，但是保不准某些国家国内反对基因修饰技术的巨大声浪会将其拦腰斩断。与欧洲的情况形成鲜明对比的是，美国国内对转基因技术几乎没有什么排斥的声音，因此，美国极有可能成为世界制药动物转基因研究的中心。

克隆技术助力医学进步

从目前的情况看，市场力量成为动物克隆研究继续发展的推动力基本可以说是板上钉钉，但克隆技术能否助力医学进步则犹未可知。许多科学家把希望寄托在从克隆胚胎中提取的干细胞上，设想用干细胞开发一系列全新的治疗手段。无心插柳和难以捉摸都是医学研究众所周知的特点，所以，尽管人们对克隆在医学领域的应用寄予厚望，最终也有可能“竹篮打水一场空”。当然，出于同样的理由，科学家们也有可能如愿以偿。

虽然世界各国目前还没有就克隆技术的问题达成一致，但是从联合国关于克隆的辩论中多少可以看出包容人类胚胎干细胞实验的大趋势。对于公众最终是否接受治疗性克隆技术来说，这种趋势是关键的第一步。即便政治家百般阻挠，极力使治疗性克隆和干细胞研究区别开来，但是诱人的治疗性克隆的关键步骤——获取匹配患者的胚胎干细胞，目前还绕不开研究人类胚胎干细胞。仅从理论可行性上支持治疗性克隆，而在临床试验中对干细胞研究含糊其词，政治家这种自欺欺人的态度在未来恐怕难以为继。

多数国家对克隆技术态度的改观，加上它在英国、瑞典、新加坡和中国受到的强烈支持，都预示着克隆研究在未来还将继续存在和有所突破。美国以及其他国家的经费等限制法令无疑是克隆技术进步的绊脚石，但它们只能延缓新发现诞生的速度，或者逼迫研究从一个国家迁移到另一个国家，而无法斩草除根。

有鉴于此，治疗性克隆终将取得进步和突破。只要技术上可行，新型治疗技术的问世只会是时间问题，而关键在于时间的长短。如果相关的进展过于缓慢，或者不可避免地因为难以预料的技术瓶颈而陷入停顿，反对者就会借机大唱反调，导致研究经费流向争议相对较少的领域。类似的情况在韩国治疗性克隆研究的丑闻被曝光后上演过，克隆技术的反对者只会借机大做文章。

更棘手的问题可能是：如果新疗法可行，那么克隆技术应当展现何种面貌？万一细胞疗法对某些疾病有奇效，而另一些疾病依旧需要仰仗器官移植呢？有猜测认为，总有科学家和医生会鬼迷心窍地让胚胎存活过囊胚阶段，待到器官雏形出现后偷偷将其保留，再在体外把器官培养至成熟，然后用于移植。这个假想的条件意味着人造子宫技术高度发达，当然这种人造子宫不一定要先进到能在体外把胎儿培养至成熟的程度。康奈尔大学的胚胎学家刘洪清在一项未发表的研究中称，她在人造子宫中成功将小鼠胎儿培养了 17 天。与小鼠胎儿完全成熟所需的时间相比，仅有 4 天之差。虽然小鼠胎儿在移出人造子宫时已经悉数死亡，但是大多接近发育完全，最重要的是，它们的器官已经发育到了能够用于移植的程度。如果伦理上允许，把类似的技术合理外推到人类身上，那相当于在体外将人类胎儿培养到将近 31 周。不过小鼠胎儿试验的成功并不等于说人造子宫技术很快就会实现。研究该技术的科学家并不多，很多技术难题也悬而未决。

把克隆人当作器官工厂的设想引发了诸多伦理问题，就眼前而言，绝大多数科学家和伦理学家都不赞成这种做法。但是无论如何，这都是该技术在长远上的可能应用之一。虽然将人类胎儿作为消耗品在今天看来非常超现实，美国政府也刚刚颁布了相关的法案，禁止所谓的“胎儿农场”行径，但是很难说未来社会会如何在保障人类健康与牺牲胚胎或胎儿之间进行取舍。

替代器官工厂的手段很有可能是基于胚胎干细胞的治疗性克隆。理论上来说，胚胎干细胞可以被诱导成发育祖细胞，祖细胞在体外搭建的支架上进一步发育，最终成为目标器官。支持器官发育的三维矩阵母体的研发工作喜报连连，但是距离在培养基中成功培植人类器官的日子还很远。

终极变局：种系基因工程改良人类特质

终有一天克隆技术会改变我们对“人”的定义。很多人对此心怀恐慌，但是实际上大可不必。原因很简单，正如动物克隆技术中往往伴随基因工程，人类克隆的未来也是一样的道理。从原理上来说，我们可以先对人类成体细胞进行基因修饰，然后在培养皿中筛选出修饰成功的细胞，作为核移植操作的核供体。通过这种方式就有可能得到基因改良的克隆人。经过基因修饰的人类可以经由生殖将改良基因遗传给后代，所以转基因克隆技术的另一个名字是种系基因工程。

种系基因工程的确包含克隆的步骤，不过这并不意味着改良的克隆人只能是单亲个体的复制体。相反，目前看来，克隆的原材料很可能是早期的胚胎细胞，这让克隆的后代能够同时拥有双亲的基因。未来医生们会从胚胎里分离细胞用于基因修饰，再以这些经过修饰的胚胎细胞作为核供体。

种系基因工程这样的壮举可不是说实现就能实现的，但是我们有理由相信它是可能的。科学家们普遍认为，只要我们循着现在的研究方向前行，技术层面将不会出现无解的难题。种系基因工程的每个步骤都已经在动物实验中实现。分子生物学的历史沿革不止一次让我们看到，一旦某项技术在小鼠实验中获得成功，它在人类身上的实现就只是时间问题。只不过，克隆研究目前进展缓慢，我们也不清楚社会到底是否希望它有所突破。

种系基因工程与社会对它的期望休戚相关。区别于大多数克隆技术，种系基因工程目前还没有成熟的市场为它摇旗呐喊。也许在不久的将来，为了让自己的孩子赢在起跑线上，父母们会不惜砸锅卖铁，这样，成熟的市场便能应运而生。当然，社会也有可能选择限制并严格监管该技术的应用。

禁止人类生殖性克隆就是限制种系基因工程应用的一种绝佳方式。虽然生殖性克隆的禁令和国际条约在颁布上有诸多困难，但都无法改变国际社会普遍抵触该技术应用的态度和共识。只要这种氛围一如既往，加上科学家愿意服从政府的号召，那么出于生殖目的的人类克隆研究就不会发生。核移植技术是种系基因工程的必要步骤，禁止人类生殖性克隆无疑会让它陷入唇亡齿寒的境地。

有很多人认为，克隆人的出生是无可避免的趋势。尽管全社会众口一词地反对人类克隆，但是公众意见对某些科学家和没有子嗣的父母来说往往一文不值，他们的执念是克隆人诞生的最大推动力。而一旦首个克隆人降世，克隆技术的合法化进程和公众对该技术的态度改观都会迅速跟进，在这方面，当年的体外受精技术可谓有例在先。人类生殖性克隆的另一个推动力是持续不断的治疗性克隆研究。科学家制备人类克隆胚胎和培养囊胚的技术越是熟练，生殖性克隆实现的技术门槛就越低，它只要按照治疗性克隆领域发表的论文依样画葫芦就可以得到移植所需的人类胚胎。由此可以看出，单纯针对和禁止生殖性克隆还不足以达到对种系基因工程技术釜底抽薪的目的。

种系基因工程反对者的另一种观点是完全忽略克隆，把矛头全部指向基因修饰人类生殖细胞的行为本身。根据核供体细胞的定义，反对者认为，所有被用于核移植操作的体细胞同样属于生殖细胞的范畴。

对生物原本的遗传物质进行人工修饰的反对意见本就由来已久，禁止该技术的政策也犹如箭在弦上。欧洲理事会在某次例会上提出了禁止对生殖细胞进行基因修饰的议题，虽然会议结束时，只有一小部分欧洲国家签署了相关协议，但这场会议有可能为签署影响力更广的国际公约起到表率作用。

禁止克隆和推行该技术一样面临着千难万阻。基因工程技术的实现只需要几名科学家的通力合作，隐蔽性非常高。这也就是说，我们几乎可以肯定，纸上谈兵式的禁令对该技术的监管收效甚微。倘若未来种系基因工程技术的应用安全得到充分保证，广大受众势必会对它趋之若鹜。试想，如果你是一名准备生孩子的准父母，私底下你知道别的父母因为借助了某种特别的基因强化技术，他们的孩子天生就更聪明、更健康或者在其他方面更优秀，那么你是否会想要借助同样的技术，全方面提升自己孩子的素质？这就是克隆和相关领域的技术进步给未来的准父母们呈现的两难境地。

父母为何会对这类技术感兴趣？他们为什么会因为技术进步陷入两难境地？基因修饰能够为人类带来哪些好处？确切的原因也许无从说起，但是潜在的可能却百无禁忌。单就理论而言，任何生物的任何基因都可以插入人类的基因组。绝大多数外源基因对人类来说毫无用处，甚至还会戕身伐命，但是总有一些基因可以锦上添花。基因修饰也不一定局限于单个基因，改良人类的体内可能同时包含了数个修饰基因，更有甚者可能含有整条外源性染色体。

改良人类的第一批修饰基因很可能与健康有关。谁不想要一个预防阿尔茨海默病的等位基因呢，预防癌症发生的组合基因套装呢，阻止艾滋病病毒入侵的蛋白质基因呢？虽然这些目前都只是假想的例子，但是科学家们对基因在阿尔茨海默病进展、多种癌症发病和艾滋病病毒侵染细胞中扮演的关键角色了然于心。与这些疾病相关的基础研究为科学家在未来用基因工程技术的手段治疗它们打下了良好的基础。

一旦基因修饰技术因为在健康领域的表现获得些许认可，它的重心很可能马上会从提升人类的健康转向更宽的领域。基因工程可能会被用来提升人类的肌肉力量、视觉敏感度、记忆能力和身高等。这些个人素质的共同点大多是受人欢迎，且部分由遗传因素决定。只不过众望所归是否能让修改人类基因的行为变得名正言顺还有待观望。

有伦理学家和科学家提出，社会应当给治疗性基因修饰和改良性基因修饰划出明确的界线，他们认为相较于改良人类，治疗疾病这种理由更容易接受。但是，两者之间的区别有时候并没有那么明显。比如，有些身材矮小的孩子体内缺乏人类生长激素，通过注射生长激素就可以治疗他们的侏儒症。而有些孩子虽然没有侏儒症，个子也算不上高。身高偏矮，以至于身高正常的孩子和他们的父母总会希望孩子借助注射激素再长高几厘米。我们能说前者是治疗，而后者是改良吗？或者两者都应该算是改良？现实生活中的经验让我们很难区分两者的确切性质，毫无疑问，基因工程技术也面临着相同的难题。

基因工程技术的最终命运在眼下还难以预测。转基因技术盛行的未来世界与今天的社会将有云泥之别。传宗接代的场所从卧室移到了门诊实验室，受人欢迎的遗传特征随处可见，不受待见的则无人问津。

但这些变化福祸相倚，也许因为常见疾病被攻克，人类的寿命就可以变得更长、生活质量也更高。也许通过改良运动能力和智力水平，人类的极限可以被推向新的高度。

“祸兮福所倚，福兮祸所伏”，基因工程技术很可能会进一步加剧社会的阶级差距。在上市之初，基因改良技术毫无疑问会是一种昂贵的技术，加上缺乏有效的手段检验改良的实际效果，这些都会让它沦为有钱人的专供商品。克隆加上基因工程技术，可能会让本就存在的阶级差距进一步扩大，甚至导致社会阶层的永久固化。基因改良还有可能成为父母与孩子相互指责的罪魁祸首。不难想象，父母会对改造或者“设计”过的孩子产生不切实际的期望，而孩子们则更有理由因为能力、素质以及成就上的不足而责备自己的父母。

最好的时代：理解、渐进、众志成城

对于克隆技术来说，这是最好的时代。从许多方面来看，克隆技术的明天都一片光明，相关研究中也是机遇与挑战并存。不过变数尚且存在，虽然关键的技术难题已经解决，但是新的问题依然层出不穷。

各国政府在激烈地争论和商讨克隆的命运。克隆技术蕴含着无尽的潜在价值，但是代价同样不菲，所有国家都面临着两难的取舍。技术回报的不确定性更是让现状雪上加霜，没有科学家能对治疗性克隆最终的疗效打包票，更没有人能确定实现这些技术所需的时间。我们暂且不说没人知道克隆动物先天的健康缺陷能否避免，就算可以，弥补这些技术缺陷也会拖后技术投入应用的时间。

未来关于克隆技术的探讨应当建立在对该技术坚实的理解和认知的基础上，只有清楚地区分现实与幻想，才能在探讨的时候保持逻辑清晰、循序渐进。我对这本书的期望，是它可以帮助你了解克隆这个新奇的领域，在参与相关辩论的时候更有建设性，为克隆技术的美好未来添砖加瓦。

章后总结

1. 政治力量能够决定克隆技术发展的地区、进步的速度，甚至可以直接抹除该技术的存在。除此之外，决定克隆技术命运的另一个不可忽视的因素是自由市场。

2. 短期之内，克隆技术发展的推动力具体体现为几个相对清晰的目标：第一，动物克隆技术的目标是生产生长更迅速、污染更少、肉奶品质更高的奶牛、肉猪、绵羊和其他具有商业价值的牲畜；第二，把动物改造成生物发生器，以极其低廉的成本替代量产药物和其他生物制品；第三，人类克隆的短期目标是用克隆技术研究诸多人类疾病的病因，而长远上则是为基于患者胚胎干细胞的细胞替代疗法做铺垫。

3. 种系基因工程旨在通过修饰人类基因，将改良基因遗传给后代，改良基因的初级动因很可能与健康有关。而一旦实现这一目标，它的重心就会从提升健康水平转向更宽泛的领域，如提升肌肉力量、视觉敏感度、记忆能力和身高等。

4. 未来关于克隆技术的探讨应当建立在对该技术坚实的理解和认知的基础上，只有清楚地区分现实和幻想，才能在探讨的时候保持逻辑清晰、循序渐进。

延伸阅读

有许多探讨克隆以及其他基因工程技术在未来如何影响人类社会的书，其中一本叫《多利之后：克隆技术的应用与滥用》(*After Dolly: The Uses and Misuses of Human Cloning*)，本书的作者是克隆技术的先驱伊恩·威尔穆特，以及科学作家罗杰·海菲尔德(Roger Highfield)。威尔穆特在书里提出，有朝一日，科学家应当获得同时使用克隆和基因修饰技术改造人类种系的权利。

《重新设计人类》(*Redesigning Human*)是一本观点新颖的相关图书，作者为格雷戈里·斯托克(Gregory Stock)，他是加州大学洛杉矶分校医学院医学、科学和社会学项目的负责人。斯托克认为，基因改良技术的到来在所难免，届时，人们会像接受体外受精一样坦然接受这种新技术。

李·希尔弗在《再造亚当》里勾画了一个被克隆和基因工程技术笼罩的未来社会，势不两立的两个社会阶级分别被称为"改良阶级"(GenRich)和"自然阶级"(Naturals)。希尔弗毫不避讳地指出，在经年累月的抗争之后，阶级分化终将导致人类物种分化。

基因工程技术的反对者视角可以参见弗朗西斯·福山(Francis Fukuyama)的《新人类时代：生物技术革命的后果》(*Our Posthuman Future: Consequences of the Biotechnology Revolution*)，福山曾是美国总统生物伦理委员会的成员。另外，相关参考书目还有比尔·麦吉本(Bill McKibben)的《足矣：活在人类工程时代》(*Enough: Staying Human in an Engineered Age*)。

未来，属于终身学习者

我这辈子遇到的聪明人（来自各行各业的聪明人）没有不每天阅读的——没有，一个都没有。巴菲特读书之多，我读书之多，可能会让你感到吃惊。孩子们都笑话我。他们觉得我是一本长了两条腿的书。

——查理·芒格

互联网改变了信息连接的方式；指数型技术在迅速颠覆着现有的商业世界；人工智能已经开始抢占人类的工作岗位……

未来，到底需要什么样的人才？

改变命运唯一的策略是你要变成终身学习者。未来世界将不再需要单一的技能型人才，而是需要具备完善的知识结构、极强逻辑思考力和高感知力的复合型人才。优秀的人往往通过阅读建立足够强大的抽象思维能力，获得异于众人的思考和整合能力。未来，将属于终身学习者！而阅读必定和终身学习形影不离。

很多人读书，追求的是干货，寻求的是立刻行之有效的解决方案。其实这是一种留在舒适区的阅读方法。在这个充满不确定性的年代，答案不会简单地出现在书里，因为生活根本就没有标准确切的答案，你也不能期望过去的经验能解决未来的问题。

湛庐阅读APP：与最聪明的人共同进化

有人常常把成本支出的焦点放在书价上，把读完一本书当作阅读的终结。其实不然。

时间是读者付出的最大阅读成本
怎么读是读者面临的最大阅读障碍
“读书破万卷”不仅仅在“万”，更重要的是在“破”！

现在，我们构建了全新的“湛庐阅读”APP。它将成为你“破万卷”的新居所。在这里：

- 不用考虑读什么，你可以便捷找到纸书、有声书和各种声音产品；
- 你可以学会怎么读，你将发现集泛读、通读、精读于一体的阅读解决方案；
- 你会与作者、译者、专家、推荐人和阅读教练相遇，他们是优质思想的发源地；
- 你会与优秀的读者和终身学习者为伍，他们对阅读和学习有着持久的热情和源源不绝的内驱力。

从单一到复合，从知道到精通，从理解到创造，湛庐希望建立一个“与最聪明的人共同进化”的社区，成为人类先进思想交汇的聚集地，与你共同迎接未来。

与此同时，我们希望能够重新定义你的学习场景，让你随时随地收获有内容、有价值的思想，通过阅读实现终身学习。这是我们的使命和价值。

湛庐阅读APP玩转指南

湛庐阅读APP结构图：

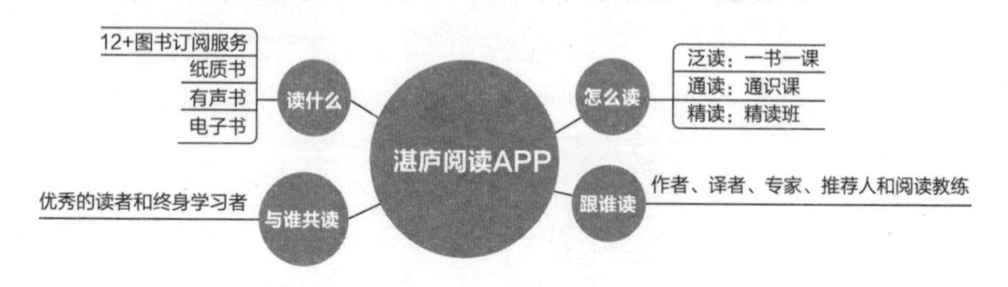

三步玩转湛庐阅读APP：

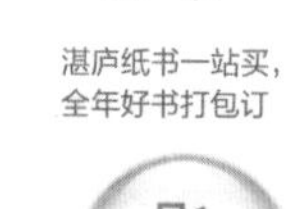

APP获取方式：

安卓用户前往各大应用市场、苹果用户前往APP Store直接下载“湛庐阅读”APP，与最聪明的人共同进化！

使用APP扫一扫功能，遇见书里书外更大的世界！

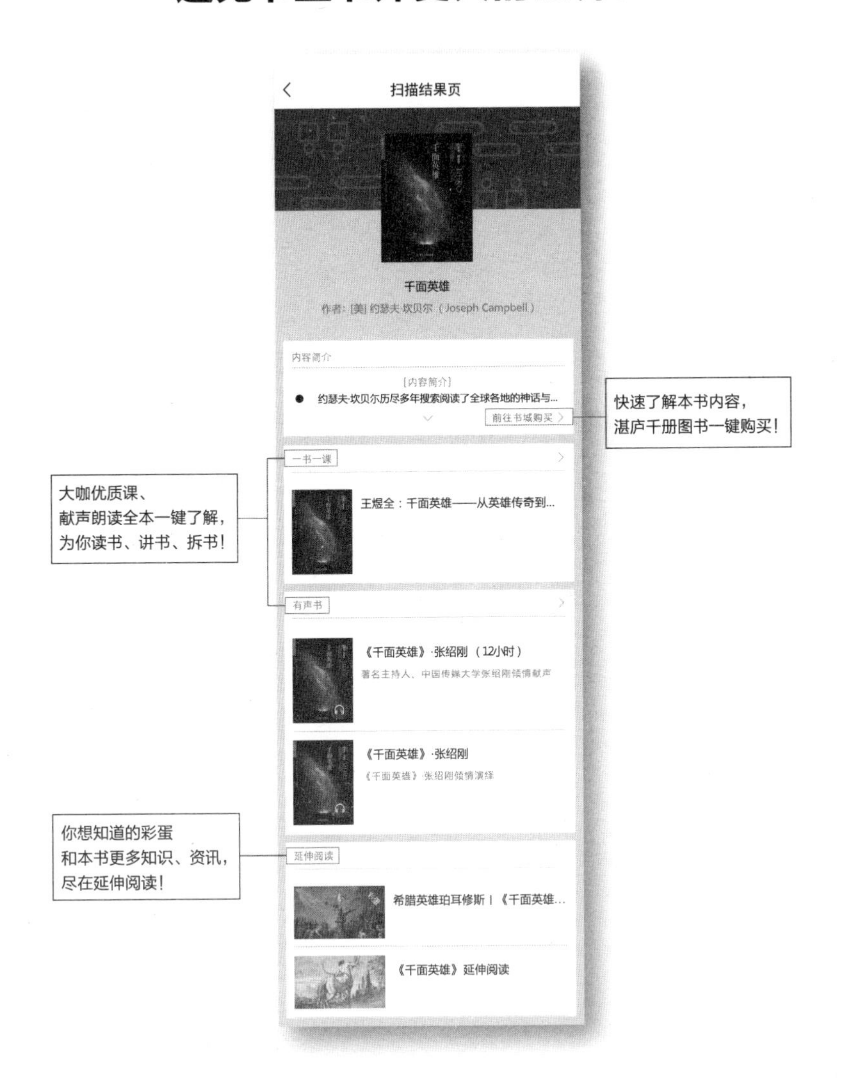

湛庐CHEERS

延伸阅读

《人人都该懂的启蒙运动》

- ◎ 解析理性主义的前世今生，反思启蒙运动的影响与遗产。
- ◎ 兼顾横向和纵向两个维度，全方位立体地展现启蒙运动的全貌。不只有过去的总结，更有现代的启示意义；不单是学知识，更是学历史兴衰。

《人人都该懂的法庭科学》

- ◎ 再现法医工作细节，洞悉犯罪现场调查背后的科学原理。
- ◎ 剖析法庭科学 7 大关键领域，揭秘科学证据的法律呈现。

《人人都该懂的哲学》

- ◎ 探究与生活息息相关的哲学命题，一本书读懂西方哲学的核心思想和核心智慧。
- ◎ 打破传统的以时间为线索的哲学讲解模式，从 10 个根本性问题出发解读哲学。
- ◎ 国内外知名高校教授一致推荐的哲学入门书，简单、有趣且好读！

《人人都该懂的科学哲学》

- ◎ 既提供了有关科学的起源和未来，科学的本质、方法和目的的宏大视野，又辅以接地气、大开脑洞的案例，让你从小小的案例中获得有关科学的真知灼见。
- ◎《人人都该懂的科学哲学》从没有疑问之处生出疑问，打破了我们对科学抱有的刻板印象，让我们不由得生出感叹：这正是学校的教育中缺失的那一环。

《人人都该懂的人工智能》

- ◎ 从目标的跃迁到应用的繁盛，帮你还原最真实的人工智能！
- ◎ 拒绝晦涩难懂的数学公式和术语，回答你对人工智能的一切尖锐提问！

Cloning: A Beginner's Guide by Aaron D. Levine

First published in the United Kingdom by Oneworld Publications

本书由 Oneworld Publications 在英国首次出版。

图书在版编目（CIP）数据

浙江省版权局
著作权合同登记章
图 字: 11-2019-60号

人人都该懂的克隆技术 /（美）亚伦·莱文著；祝锦杰译.
—杭州：浙江人民出版社，2019.4
书名原文：Cloning: A Beginner's Guide
ISBN 978-7-213-09195-7

Ⅰ.①人… Ⅱ.①亚… ②祝… Ⅲ.①克隆—普及读物
Ⅳ.①Q785-49

中国版本图书馆 CIP 数据核字（2019）第 030467 号

上架指导：克隆技术通俗读物

人人都该懂的克隆技术

［美］亚伦·莱文　著
祝锦杰　译

出版发行：浙江人民出版社（杭州体育场路 347 号　邮编　310006）
市场部电话：（0571）85061682　85176516
集团网址：浙江出版联合集团　http://www.zjcb.com
责任编辑：胡佳佳
责任校对：姚建国
印　　刷：天津中印联印务有限公司
开　　本：880mm ×1230mm　1/32　　印　　张：7
字　　数：142 千字
版　　次：2019 年 4 月第 1 版　　印　　次：2019 年 4 月第 1 次印刷
书　　号：ISBN 978-7-213-09195-7
定　　价：59.90 元

如发现印装质量问题，影响阅读，请与市场部联系调换。